Frank Wiebe

Wie fair sind Apple & Co.?

Frank Wiebe

Wie fair sind Apple & Co.?

50 Weltkonzerne im Ethik-Test

orell füssli Verlag

© 2013 Orell Füssli Verlag AG, Zürich
www.ofv.ch

Lektorat: Ingrid Kunz Graf, Schaffhausen
Umschlaggestaltung und Motiv: Hauptmann & Kompanie Werbeagentur, Zürich
Druck: fgb • freiburger graphische betriebe, Freiburg

ISBN 978-3-280-05475-8

Bibliografische Information der Deutschen Nationalbibliothek:
Die Deutsche Nationalbibliothek verzeichnet diese Publikation in der Deutschen Nationalbibliografie; detaillierte bibliografische Daten sind im Internet über http://dnb.d-nb.de abrufbar.

Inhalt

Was Fairness bedeutet 9

Die Macht der Kunden 10
Wir bestimmen, wo es langgeht 10
Unternehmen beim Wort nehmen 12
Was Ethik leisten kann 14
Worauf Moral beruht 17
Wie sich Moral begründen lässt 20
Werte, Verantwortung und Nachhaltigkeit 23
Wie vertragen sich Moral und Markt? 27
Ethik und Globalisierung 30
Gibt es Alternativen? 32

Der Blick in die Unternehmen 35
Wie weit reicht die Verantwortung? 35
Was sind die größten Probleme in der Praxis? 39
Wie lässt sich Ethik im Unternehmen verankern? . . 42
Ethik und Geschäftsmodelle 45

Das Konzept der ethischen Profile 46
Die Auswahl der Unternehmen in diesem Buch . . . 46
Wo finde ich Informationen? 47
Die Daten 49
Die Ratings 50
Die eigene Bewertung 54

50 ethische Profile 57

Adidas 58
Aldi 62
Allianz 66
Amazon 70
Apple 74
Bayer 78
Beiersdorf 82
BMW 86
C&A 90
Coca-Cola 94
Daimler 98
Danone 102
Deutsche Bank 106
Deutsche Telekom 110
dm 114
Facebook 118
Google 122
Henkel 126
Hennes & Mauritz 130
Hipp 134
Ikea 138
Inditex 142
Lego 146
Levi Strauss 150
Lidl 154
L'Oréal 158
Lufthansa 162
LVMH 166
McDonald's 170

Microsoft 174

Miele 178

Nestlé 182

Nike 186

Nintendo 190

Nokia 194

Novartis 198

Otto 202

Philip Morris International 206

Procter & Gamble 210

Richemont 214

Samsung Electronics 218

Siemens 222

Starbucks 226

Swatch 230

Toyota 234

TUI 238

UBS 242

Unilever 246

Vodafone 250

Volkswagen 254

Index 259

Was Fairness bedeutet

Die Macht der Kunden

Wir bestimmen, wo es langgeht

Was haben wir damit zu tun, wenn in China Flüsse vergiftet werden, in Bangladesch Leute für Hungerlöhne arbeiten, die Malediven im Meer versinken oder in Afrika Kinder auf Kakaoplantagen arbeiten? Eine ganze Menge. Denn viele dieser alltäglichen Katastrophen sind die Schattenseiten unseres Wohlstands. Sie passieren, weil in armen Teilen der Welt Menschen Schuhe oder Shirts für ein paar Cent produzieren, die dann bei uns für harte Euros oder Franken verkauft werden. Sie geschehen, weil Konzerne bei der Produktion und Verbraucher beim Konsum Unmengen von Schadstoffen erzeugen, die irgendwohin entsorgt werden müssen. Dazu gehört auch, dass der Mensch mit seiner gewaltigen weltweiten Industrie die Erdatmosphäre aufheizt und so für einen Anstieg des Meeresspiegels sorgt. Aber nicht nur die Menschen in den Schwellenländern bezahlen für unseren Wohlstand, sondern auch unsere Kinder und Enkel: Sie müssen mit der Welt klarkommen, die wir ihnen hinterlassen.

Doch wozu sollen wir mit einem schlechten Gewissen herumlaufen, wenn wir ohnehin nichts ändern können am Lauf der Welt? Welchen Einfluss hat denn schon der einzelne Bürger? Sind nicht die Politiker und die Konzerne verantwortlich dafür, was passiert?

Es geht nicht darum, Politiker oder Konzerne von ihrer Verantwortung freizusprechen. Im Gegenteil. Aber wir wählen die Politiker, und wir kaufen bei den Konzernen ein. Wenn es stimmt, was häufig beklagt wird, dass das Geld die Welt regiert, dann haben wir, die Verbraucher in den reichen Ländern, eine größere Macht als irgendjemand sonst. Denn wir bestimmen, wer unser Geld bekommt. Auch wenn der einzelne Verbraucher durch sein Kaufverhalten die Welt nicht verändern kann: Alle zusammen sind sie die größte wirtschaftliche Macht, die es gibt. Das ist ganz ähnlich wie in der Demokratie: Jede Stimme zählt, auch wenn keine Stimme allein die Wahl entscheidet.

Wir sollten daher nicht nur unsere Politiker, sondern auch die Konzerne, bei denen wir einkaufen, zur Verantwortung ziehen. Das heißt: Fragen stellen, nachhaken, wie diese Unternehmen arbeiten, nachlesen, Interesse zeigen, bewusst einkaufen und konsumieren, sich hin und wieder vielleicht an Protestaktionen oder Petitionen beteiligen. Je mehr die Unternehmen den Eindruck haben, dass die Kunden sich dafür interessieren, wie die Waren produziert werden, desto mehr fühlen sie sich unter Druck, dabei ethische Richtlinien einzuhalten.

Dieses Buch soll Interesse wecken und für viele bekannte Konzerne Informationen und Einschätzungen bereitstellen. Dabei geht es nicht nur um deren Zulieferer in Schwellenländern und Umweltprobleme, sondern auch um Fairness gegenüber den eigenen Mitarbeitern, Kunden und in einigen Fällen auch gegenüber den Aktionären.

Der erste Teil bietet einige grundsätzliche Überlegungen. Im zweiten, weitaus umfangreicheren Teil folgen insgesamt 50 ethische Profile von bekannten Weltkonzernen. Diese Porträts stellen auf jeweils vier Buchseiten den Konzern vor und erläutern seine wichtigsten ethischen Probleme – und wie er damit umgeht. Vorausgestellt sind jedem Porträt ein paar wirtschaftliche Kennzahlen und die Urteile einiger Ratingagenturen, die sich auf Nachhaltigkeit spezialisiert haben, darunter exklusiv die Noten der Agentur Oekom Research, die diese freundlicherweise zur Verfügung gestellt hat. Außerdem gibt es eine eigene Bewertung des Autors mit bis zu fünf Sternen, die eine schnelle Orientierung ermöglicht, aber auch zu Widerspruch oder Diskussion anregen soll.

Wer sich weniger für die grundlegenden Fragen interessiert, kann auch gleich bei den Porträts der Unternehmen nachschlagen. Allerdings sollte man dann zuvor ab Seite 46 »Das Konzept der ethischen Profile« lesen, weil sich dort wichtige praktische Hinweise finden.

Unternehmen beim Wort nehmen

Es soll also hier darum gehen, Unternehmen beim Wort zu nehmen, und nicht darum, sie in Bausch und Bogen zu verurteilen. Denn wer einfach nur pauschal die große Anklage führt, erregt Aufmerksamkeit, trägt aber letztlich nur wenig dazu bei, dass sich etwas verändert. Man muss schon genau hinschauen.

Tatsächlich hat sich das Verhalten der meisten Konzerne schon geändert. Früher galt die Devise: Wenn Probleme auftauchen, werden sie zunächst einmal geleugnet. Oder man erklärt sich für nicht zuständig oder bezeichnet die Vorwürfe als übertrieben und unsachlich. Die Kommunikation lief nach dem Motto ab: Je weniger der Kunde weiß, desto besser.

Heute hat sich das, mit wenigen Ausnahmen, deutlich verbessert. Konzerne reagieren jetzt auf Vorwürfe meist mit der Antwort: »Wir nehmen das sehr ernst.« Die Unternehmen schreiben außerdem dicke Berichte darüber, wie und wo sie produzieren, welche Probleme dabei auftauchen und wie sie die lösen wollen. Häufig gibt es genaue Bilanzen über die Entstehung von Schadstoffen und Kohlendioxid sowie den Einsatz von Rohstoffen. Viele Konzerne erläutern im Detail, welche Vorschriften sie ihren weltweiten Zulieferern machen, wie häufig sie diese kontrollieren und welche Art von Verstößen dabei registriert werden. Manche gehen auch dazu über, anzugeben, wer sie beliefert. Ein Vorreiter war zum Beispiel der Jeanshersteller Levi Strauss, und Anfang 2012 hat auch Apple die Geheimniskrämerei aufgegeben und dazu eine Liste veröffentlicht. Die Europäische Union übt ihrerseits Druck aus, um die Unternehmen zu mehr Transparenz zu zwingen.

Bei dieser neuen Offenheit gibt es freilich zwei Probleme. Erstens: Die schönsten Berichte nützen vor allem dann etwas, wenn sie gelesen werden. Häufig tun die Kunden das nicht direkt, obwohl das im Internet jederzeit möglich ist, sondern überlassen es Organisationen, die sich bestimmten Zielen, etwa dem Schutz von Arbeitnehmern in Schwellenländern, verschrieben haben. Oder aber Journalisten, Buchautoren und Experten von Ratingagenturen, die Konzerne nach ethischen Kriterien bewerten, schauen sich das Material an.

Das zweite Problem ist: Man kann nie die Gefahr des »Greenwashing« ausschließen. Also die Möglichkeit, dass Konzerne viele schöne Geschichten erzählen, die der Realität aber nicht standhalten. Es ist recht einfach, solche Beispiele zu finden und dann als großer Ankläger zu verkünden, dass alle »Nachhaltigkeitsberichte« – so heißen sie in der Regel – nur gelogen sind. Aber eine pauschale Verurteilung dieser Aktivitäten als reines Marketing wäre doch zu einfach und führt letztlich nicht weiter. Denn zum einen ist es für die Unternehmen doch immer schwieriger geworden zu lügen. Heute kann jederzeit jemand mit dem Handy in einer Fabrik filmen oder fotografieren und die Aufnahmen ins Internet stellen, außerdem gibt es in den meisten Ländern Organisationen, die den Konzernen auf die Finger schauen. Da haben Lügen ziemlich kurze Beine. Zum anderen muss man sich vor Augen halten: Konzerne sind keine Monster mit einem Superhirn an der Spitze und Tausenden von willenlosen Mitarbeitern, auch wenn sie manchmal so dargestellt werden. In Wahrheit gibt es in jedem großen Betrieb – und wahrscheinlich auch auf jeder Managementebene – Leute, die soziale Fragen und Umweltprobleme tatsächlich ernst nehmen, und andere, die dazu eher eine gleichgültige oder zynische Einstellung haben. Je mehr die Öffentlichkeit und die Kunden sich für diese Themen interessieren, desto deutlicher stärken sie denen den Rücken, die es ernst meinen.

Geändert hat sich übrigens zum Teil auch die Strategie kritischer Organisationen. Statt nur Fehler anzuprangern, sind sie heute eher bereit, auch in gemeinsame Projekte mit Unternehmen einzusteigen, Studien für sie zu erarbeiten oder aber eigene »Siegel« zu vergeben, die ein Signal für die Öffentlichkeit setzen. Auch das birgt natürlich Gefahren: Wer zusammenarbeitet, hat auch gemeinsame Interessen, was den unabhängigen Blick trüben könnte. Insgesamt verwischen sich also die Grenzen: Es gibt nicht mehr nur »böse« Konzerne und »gute« Organisationen wie Greenpeace oder den Word Wildlife Fund (WWF), die aufeinander einschlagen, sondern auch einen wachsenden Bereich der Zusammenarbeit. Besonders in die Kritik geraten wegen derartiger Kooperationen ist der WWF, dazu gibt es das »Schwarzbuch WWF« von Wilfried Huismann, gegen das sich die Organisation auch schon öffentlich zur Wehr gesetzt hat. Aber auch wenn so manche Konturen verwischt werden, dürften die Vorteile dieser neuen Form des Umgangs überwiegen.

Was Ethik leisten kann

Wer sich kritisch mit Unternehmen und seinen eigenen Konsumgewohnheiten auseinandersetzt, muss sich zunächst überlegen: Was ist denn gut, was böse? Diese Frage ist uralt. Sie ist bis heute ein zentrales Thema der Religionen, aber auch der Philosophie. Sie lässt sich in sehr unterschiedlichen Formen stellen, zum Beispiel auch als Frage nach richtig und falsch, nach erlaubt, geboten und verboten. Es gibt eine eigene philosophische Disziplin, die Ethik, die sich damit beschäftigt. Dabei verstehen deutsche Philosophen unter Moral etwas anderes als unter Ethik: Die Moral sagt, was gut und böse ist, die Ethik findet gleichsam eine Ebene höher statt und überprüft die moralischen Grundsätze; sie ist »Moral-Philosophie« in dem Sinne, wie es zum Beispiel auch »Wissenschafts-Philosophie« gibt. In der angelsächsischen Welt, aber auch in der deutschen Alltagssprache werden Moral und Ethik dagegen nicht so deutlich unterschieden, sondern bis zu einem gewissen Grad als austauschbare Begriffe verwendet. Dieses Buch folgt dem alltäglichen Sprachgebrauch.

Zunächst möchte ich zwei grundlegende Thesen präsentieren. Die erste lautet: Es ist viel einfacher, das Böse (das Falsche) als das Gute (das Richtige) zu erkennen. Sie wurde in verschiedener Form schon von vielen Theologen und Philosophen, etwa von Hans Küng und Amartya Sen, formuliert, und sie ist auch aus der alltäglichen Erfahrung heraus sehr schnell einzusehen. Wenn Unternehmen Kinder arbeiten lassen, ist das falsch, da gibt es nicht viel zu diskutieren. Ähnliches gilt, wenn sie die Umwelt massiv verschmutzen. Das Böse erkennt man darin, dass jemand leidet oder dass etwas Wertvolles zerstört wird. Und meist werden ethische Fragen dadurch aufgeworfen, dass solche Missstände entdeckt werden. Viel schwieriger ist es dagegen, eindeutig zu sagen, was gut ist und was zum Beispiel nur selbstverständlich ist. Ist es gut, dass ein Auto möglichst wenig Benzin verbraucht? Oder verlangen das die Kunden nicht ohnehin? Ist das überhaupt eine ethische Frage?

Die zweite These lautet: Wir wissen in der Regel sehr gut, was gut und was böse ist. Anders gesagt: Wir brauchen meist gar nicht die Religion und auch nicht die Ethik, um uns belehren zu lassen. Es ist sogar umgekehrt: Die katholische Kirche muss sich heute rechtfertigen, wenn sie zum Beispiel Frauen den Zugang zu höheren Ämtern versperrt. Das zeigt: Die Kirche bestimmt nicht mehr, was richtig ist, sondern muss sich selbst rechtfertigen – unsere Maßstäbe haben wir auch ohne sie. Dasselbe gilt auch für die Philosophie und ist dort als »ethisches Paradox« bekannt: In der Regel schauen wir nicht in einem Ethik-Buch nach, um zu erfahren, was wir für richtig halten sollen, sondern es ist umgekehrt: Wir finden die Ethik-Bücher gut (wenn wir überhaupt welche lesen), die das begründen, was wir ohnehin schon für richtig halten.

Heißt das, dass wir am besten alle Überlegungen, die sich kluge Leute seit Jahrtausenden über ethische Probleme gemacht haben, vergessen sollten? Nicht ganz. Es gibt mindestens zwei Gründe, sich trotzdem damit zu beschäftigen. Einmal brauchen wir häufig eine Begründung für unsere Entscheidungen. Da ist es hilfreich, wenn wir nicht auf unsere eigenen Überlegungen allein angewiesen sind – wir können uns bei den Ethik-Profis Unterstützung holen. Das ist nützlich in Diskussionen, aber auch, um sich des eigenen Standpunktes zu versichern. Außerdem gibt es viele Grenzfälle, bei denen auf den ersten Blick fast jeder überfordert ist zu sagen, was er richtig findet. Besonders häufig sind sie in der Medizin. Aber auch in der Wirtschaft können Abgrenzungen schwierig sein. Darf ein Unternehmen, das gute Gewinne erwirtschaftet, Arbeitnehmer entlassen? Darf es das nicht, unter keinen Umständen? Oder manchmal vielleicht doch? In solchen Grenzfällen kann Ethik helfen, die Gedanken zu sortieren – häufig dient sie auch dazu, erst einmal die richtigen Fragen zu stellen.

Der britische Philosoph Gilbert Ryle hat Philosophen mit Kartografen verglichen. Wenn ein Kartograf in eine Region kommt, dann kennen die Leute dort ihre Gegend meist schon sehr gut. Sie wissen, welche Wege es gibt und wie lange man etwa braucht, um von einem Ort zum anderen zu kommen. Sie wissen also viel mehr über ihre Region als der Kartograf. Aber was macht dieser Experte? Er stellt nach seinen Messungen ein möglichst gutes Bild der Gegend her. Dieses Bild, die Karte, enthält längst nicht alle Details, die die Bewohner aus ihrer Erfahrung im Kopf haben. Trotzdem ist die Karte nützlich: Sie ergibt ein Gesamtbild, sie zeigt Verbindungen auf, die vorher doch nicht so bekannt waren, sie beseitigt falsche oder schiefe Vorstellungen, die sich eingeschlichen haben, sie schafft insgesamt zusätzliche Klarheit. Der Kartograf weiß nicht mehr als die Bewohner, aber er trägt trotzdem dazu bei, auch deren Wissensstand zu verbessern.

Ryle hatte bei diesem Vergleich andere philosophische Probleme im Sinn, es ging ihm nicht um Ethik. Aber der Vergleich lässt sich sehr gut übertragen: Die meisten Menschen wissen sehr genau, was richtig und falsch ist. Doch die Beschäftigung mit ethischen Theorien kann helfen, dieses Wissen zu strukturieren, für mehr Klarheit zu sorgen. Sie hilft auch, die eigenen Meinungen zu überprüfen oder mit anderen Menschen zu diskutieren.

Worauf Moral beruht

Auch wenn wir meist schon recht gut wissen, was wir für richtig oder falsch halten, lohnt es sich also, nach Begründungen für diese Einschätzungen zu suchen. Zunächst kann man aber auch die Frage stellen: Wieso wollen wir überhaupt Gut und Böse unterscheiden?

Traditionell gibt es die Auffassung, dass die Religion von uns verlangt, gut zu sein. Und das hat auch in der modernen Welt noch eine erstaunlich große Wirkung. Religiöse Unternehmer beanspruchen zwar meist nicht, bessere Menschen zu sein als andere. Aber sie erzählen häufig, dass die Religion ihnen hilft, richtige Entscheidungen zu treffen. Manager, die tief im religiösen Denken verhaftet sind, schildern in persönlichen Gesprächen, dass sie dadurch leichter Abstand von ihrem beruflichen Alltag bekommen. Für religiöse Menschen ist ganz klar, dass es wichtigere Kriterien als Rendite und Gewinn gibt. Wer nicht religiös ist, hat es manchmal schwerer, ein derartiges Gegengewicht zu den Anforderungen seines Berufs zu finden.

Aber auch nicht religiöse Menschen haben meist bestimme Vorstellungen von Fairness. Dazu gehört das grundlegende, schon in der Bibel zu findende Gebot, andere so zu behandeln, wie man selbst behandelt werden möchte. Immanuel Kant hat ganz ähnlich aus Gründen der Vernunft gefordert, so zu handeln, dass man ein allgemeines Gesetz daraus ableiten könnte – also zum Beispiel sich selber keine Sondervorteile zu sichern, die man anderen verweigert. Wir sehen also: Gott kann fordern, gut zu sein, die Vernunft kann es aber auch fordern.

Eine dritte, sehr realistische Möglichkeit ist, davon auszugehen, dass bei Menschen als sozialen Wesen eine gewisse moralische Grundeinstellung einfach vorhanden ist. Wer kennt nicht diese Art von spontanem Mitgefühl, das es, wie inzwischen wissenschaftlich nachgewiesen wurde, sogar bei manchen Tieren gibt? Adam Smith, der Begründer der modernen Ökonomie, hat daher eine »Theorie der ethischen Gefühle« geschrieben und damit die emotionale Grundlage der Moral herausgestellt. Auch darin findet sich eine Variante, Fairness zu definieren: Smith sagt, man solle sich jederzeit vorstellen, was ein persönlich unbeteiligter Beobachter für richtig oder falsch halten würde. Sehr häufig laufen Diskussionen, auch unter Geschäftsleuten, genau darauf hinaus: Man gibt zögernd Standpunkte auf, die nur dem eigenen Vorteil dienen, bewegt sich so aufeinander zu und landet dann bei einem Verhandlungsergebnis, das beide Seiten – aber auch ein unbeteiligter Beobachter – als fair empfinden können.

Ein ähnliches Verfahren verlangt, dass sich jeder möglichst in die Position der anderen Teilnehmer versetzt. Zugespitzt formuliert: Man sollte eine ethische Diskussion so führen, als wüsste man gar nicht, welche Rolle man selber übernehmen muss. Ein Gewerkschafter muss dann so argumentieren, dass er auch als Topmanager noch mit seinen eigenen Forderungen leben könnte – und umgekehrt. Der amerikanische Philosoph John Rawls hat in diesem Zusammenhang vom »Schleier der Unwissenheit« gesprochen, mit dem sich jeder fiktiv schmücken sollte. Rawls hatte dabei vor allem politische Themen im Blick. Das Prinzip kann aber auch im Bereich der Unternehmensethik sehr gut funktionieren: Wer zum Beispiel einem Konzern Umweltsünden oder eine schlechte Behandlung von Mitarbeitern vorwirft, sollte immer versuchen, sich ab und zu in die Situation der Konzernmanager zu versetzen und die Frage zu stellen: Hatten die wirklich eine andere Wahl? Konnten die wissen, was sie da anstellen? Nur so kann man sich sicher sein, dass man fair bleibt.

Eine interessante Ethik hat auch der Philosoph Norbert Hoerster entwickelt, ein Buch, das im Übrigen auch gut verständlich und kostengünstig zu erwerben ist. Sein Titel lautet »Ethik und Interesse«. Er leitet alle ethischen Regeln aus den Interessen ab, die wir als Menschen haben. Der springende Punkt dabei: Er geht realistischerweise davon aus, dass Menschen eben nicht nur egoistische Interessen verfolgen, sondern auch Motive haben, sich für das Wohlergehen anderer zu interessieren. So entsteht eine Ethik, die recht klar formuliert ist und ohne den dicken moralischen Zeigefinger auskommt.

Wie sich Moral begründen lässt

Ethik wäre keine eigene Wissenschaft, wenn sie sich nur auf grundlegende Gebote von Fairness beschränken würde. Es geht dabei vielmehr um ganze Systeme von Regeln und Begründungen, die Feinheiten erschließen sich längst nur noch den Spezialisten. Damit Ethik überhaupt etwas bewirken kann, muss sie freilich verständlich sein, denn es hilft ja wenig, wenn nur die Experten damit umgehen können. Daher folgt hier der Versuch, einige Grundüberlegungen wenigstens holzschnittartig darzustellen.

Häufig werden zwei Grundmodelle unterschieden. Das eine beruht auf Ge- und Verboten. Ein Beispiel sind die Zehn Gebote der Bibel. Ähnlich Kant: Er hat zwar keine Liste von Verboten aufgestellt, er war aber sehr rigoros der Meinung, das Ge- und Verbote unbedingt und immer zu befolgen seien. Zu lügen, war nach seiner Meinung falsch, weil es sicher keinem allgemeinen Gesetz entsprechen könnte, dass man sich gegenseitig belügen darf. Fachleute sprechen bei derart rigorosen Ge- und Verboten von einer deontologischen Ethik. Was aber, wenn zum Beispiel nur eine Notlüge einen Menschen vor Verfolgung und Tod schützen kann? Vor diesem Problem versagt diese Form der Ethik.

Das andere Extrem wird mit dem Wortungetüm »Konsequentialismus« bezeichnet. Hier gibt es keine strengen Ge- oder Verbote. Vielmehr lautet die Grundregel, bei jeder Entscheidung genau zu überlegen, was aus ihr folgt. Und wenn in der Summe die Konsequenzen positiv sind, ist die Entscheidung zu vertreten. Sind die Konsequenzen dagegen negativ, dann ist die Entscheidung nicht zu vertreten. Man kann das auch einfach als pragmatische Ethik bezeichnen, nach dem Motto: Schauen wir mal, was dabei herauskommt. Dieses zweite Ethik-Modell ist sehr eng mit dem »Utilitarismus« verbunden, den vor allem britische Philosophen wie Jeremy Bentham und John Stuart Mill entwickelt haben. Nach dieser Lehre ist alles gut, was nützlich ist. Und je nach Variante wurde sogar versucht, diesen Nutzen zu messen. Ethik läuft dann darauf hinaus, diesen Nutzen zu maximieren. Inzwischen gibt es daher vor allem im angelsächsischen Bereich eine eigene Spezialwissenschaft, die ethische Probleme mit ganz ähnlichen Modellen der Nutzenmaximierung analysiert, wie sie jeder Student der Volkswirtschaftslehre lernen muss. Nur mit dem Unterschied, dass Ökonomen in ihrer Modellwelt davon ausgehen, dass jeder seinen eigenen Nutzen maximiert (also Egoist ist), während die Ethiker auch einbeziehen, dass Menschen den Nutzen ihrer Mitmenschen ebenfalls im Blick behalten (also bis zu einem gewissen Grad Altruisten sind).

Es lässt sich trefflich darüber streiten, welche der beiden Positionen richtig ist. In der Praxis braucht man fast immer beide. Blanke Ge- und Verbote können unmenschlich oder unrealistisch sein. Wenn es zum Beispiel die klare Regel gibt, dass Leute, die das Unternehmen betrügen oder unerlaubt Informationen herausgeben, sofort zu feuern sind, dann kann das im Einzelfall unmenschlich sein, wenn etwa ein einzelner Mitarbeiter mit Gewalt bedroht oder erpresst worden ist. Es kann aber auch unrealistisch sein. Nehmen wir etwa den bereits genannten Fall einer Firma, die Leute entlässt, obwohl sie gut verdient – Beispiele dafür haben in den vergangenen Jahren die Deutsche Bank und Nokia geliefert. Wäre es gerechtfertigt, eine strenge Regel ohne Ausnahme aufzustellen, nach der Entlassungen in diesem Fall verboten sind? Wohl kaum. Denn man muss auch auf die Konsequenzen schauen: Manchmal ist es sinnvoll, ein wenig aussichtsreiches Geschäftsfeld rechtzeitig aufzugeben, statt zu warten, bis es zu spät ist und die Entlassungen noch schneller oder zu noch schlechteren Konditionen kommen. Man muss immer den Einzelfall prüfen und auf die längerfristigen Konsequenzen schauen.

Umgekehrt gilt aber auch: Niemand kann in die Zukunft schauen. Eine Ethik, die versuchen würde, bei jeder einzelnen Entscheidung abzuwägen, was ganz am Ende dabei herauskommt, kann daher nicht funktionieren. Man braucht manchmal einfach Regeln, die es zu befolgen gilt. Etwa die, bestimmte Chemikalien nicht mehr zu verwenden oder bestimmte Gifte nicht mehr in die Umwelt zu lassen – auch wenn man im Einzelfall die Wirkung nicht genau berechnen kann. Außerdem gibt es bestimmte Minimalregeln, die in jedem Fall einzuhalten sind – zum Beispiel, niemanden ohne eine angemessene Entschädigung zu entlassen. Aber auch hier gilt es, gleichzeitig den Blick auf die Folgen zu werfen: Bei einer guten Arbeitsmarktsituation ist ein bescheidener Sozialplan eher zu vertreten als in einer Situation, in der die Betroffenen sich schwertun werden, eine neue Stelle zu finden.

Die Beispiele zeigen: Wer ohne grundsätzliche Regeln Entscheidungen trifft, liegt genauso falsch wie einer, der ohne den Blick aufs Detail und die Folgen nur nach Regeln entscheidet. Grenzenloser Pragmatismus führt ebenso in die Irre wie sture Paragrafenreiterei.

Nur der Ergänzung halber sei erwähnt, dass es noch weitere Formen der Ethik gibt. Sehr alt ist zum Beispiel die sogenannte Tugendethik, bei der bestimmte Eigenschaften als gut und andere als böse gelten. Sie klingt aus heutiger Sicht etwas antiquiert. Aber Unternehmer, die derartige Tugenden – wie Ehrlichkeit und Menschlichkeit – pflegen, treffen manchmal ganz automatisch gute Entscheidungen, ohne dafür ethische Traktate studiert zu haben. Gerade bei Familienunternehmen zählen solche traditionellen Tugenden häufig noch etwas und helfen dann mehr als sorgfältig ausformulierte Ethik-Kodizes. Die Tugendethik hat noch einen Vorteil: Sie öffnet den Blick für weitere Bereiche als nur Gut und Böse. Denn auch Stärke oder Klugheit sind Tugenden, sehr wichtige sogar, gerade in Unternehmen, sie haben aber mit Moral im engeren Sinn wenig zu tun. Gerade nach der großen Finanzkrise erlebt die Tugendethik wieder einen Aufschwung. Das Bild des »ehrbaren Kaufmanns« wird beschworen. Und nachdem so viele Manager sich heillos verspekuliert haben, zählt auch die »praktische Klugheit«, die schon Aristoteles sehr hoch eingeschätzt hat, wieder etwas. Diese Tugend darf man nicht mit Intelligenz verwechseln, denn auch hochintelligente Leute oder wahre mathematische Genies können ganze Konzerne an die Wand fahren. Praktische Klugheit bedeutet Einsicht in Zusammenhänge, aber auch in die Grenzen der eigenen Fähigkeiten, verbunden mit einer ausgewogenen Mischung aus Entschlussfreude und Vorsicht. Die größte Gefahr für diese Art von Klugheit ist Selbstüberschätzung.

Werte, Verantwortung und Nachhaltigkeit

Die meisten Manager haben aber ebenso wenig wie die meisten Verbraucher Kant oder Aristoteles gelesen, sie haben ja schließlich auch Wichtigeres zu tun. Wenn von Ethik die Rede ist, fallen daher meist ganz andere Begriffe, die weder in der alten Philosophie noch in der Bibel verankert sind. Häufig geht es um Werte und Verantwortung. Um das Thema CSR (Corporate Social Responsibility) herum, dessen Kernbegriff ja auch Verantwortung ist, hat sich mittlerweile ein eigener Berufsstand entwickelt. In den letzten Jahren kam noch die Nachhaltigkeit hinzu, die auch ethische Fragestellungen berührt: Dieser Begriff hat vielleicht gerade deswegen so sehr Karriere gemacht, weil er eine

Klammer zwischen rein geschäftlichen und moralischen Kriterien bilden kann.

Werte sind erst seit rund 200 Jahren ein Thema der Philosophie, also im historischen Maßstab noch nicht sehr lange. Sie haben den Vorteil, dass sie leicht verständlich sind. Wer sagt: »Zu unseren Kernwerten gehört Fairness gegenüber Kunden und Mitarbeitern«, der redet eine verständliche Sprache. Auf der anderen Seite bleibt die Diskussion über Werte häufig schwammig und unverbindlich. Es klingt immer gut, sich zu Werten zu bekennen, aber daraus folgt eben noch nicht, wie sie im Detail umzusetzen sind. Werte nützen wenig, wenn daraus keine Regeln folgen und wenn nicht kontrolliert wird, welche Konsequenzen sich aus bestimmten Entscheidungen ergeben. Wenn ein Unternehmen zum Beispiel den Erhalt der Umwelt als Wert formuliert und dann beschließt, Palmöl aus Fernost zu beziehen, dann muss es zusätzlich zweierlei tun: erstens festlegen, unter welchen Bedingungen dieses Palmöl produziert werden darf – nämlich ohne Raubbau am Urwald –, und zweitens kontrollieren, ob das auch so eingehalten wird. Und wenn sich herausstellt, dass der Raubbau nicht zu verhindern ist, muss man eventuell die Entscheidungen noch einmal überdenken. Das Beispiel zeigt: Der Bezug auf Werte kann kein Ersatz dafür sein, wirklich begründete ethische Entscheidungen zu treffen. Das haben die meisten Konzerne inzwischen auch begriffen und beschränken sich daher nicht allein darauf, ihre Werte zu beschwören.

Das Thema Verantwortung spielt für dieses Buch hier eine ganz zentrale Rolle. Denn es geht um die Frage: Wie verantworten sich große Konzerne? In »ver-antworten« steckt »antworten«. Wer es damit ernst meint, muss daher auf eine Menge Fragen antworten – am besten schon, bevor sie gestellt wurden. Und hier liegt der Ansatzpunkt für Kunden und Investoren, die selber verantwortlich handeln wollen: Sie können das nur, wenn die Unternehmen von sich aus klare Informationen bereitstellen. Und dann kommt es darauf an, die Konzerne tatsächlich beim Wort zu nehmen.

Das Thema Verantwortung hat die Philosophie aber lange Zeit vernachlässigt, erst im 20. Jahrhundert hat es mehr Beachtung gefunden. Das wohl bekannteste Buch dazu ist »Das Prinzip Verantwortung« von Hans Jonas, das vor gut 30 Jahren veröffentlicht wurde. Jonas hat damals einen sehr pessimistischen Blick auf die Welt geworfen und vor allem die Gefahren gesehen, die von der modernen Technik ausgehen. Seine Forderung lautete, Verantwortung auch für nachfolgende Generationen zu übernehmen. Man muss sich klarmachen, dass Ethik und Moral sich für Jahrtausende fast nur auf die Menschen bezogen haben, die zur gleichen Zeit lebten, und nicht auf die noch Ungeborenen. Insofern hat Jonas damals eine neue Dimension der Ethik eröffnet. Heute muss man weder Pessimist noch technikfeindlich eingestellt sein, um Probleme ernst zu nehmen, die erst künftige Generationen in vollem Umfang zu spüren bekommen. Im Gegenteil: Für jüngere Menschen ist diese Einstellung beinahe schon selbstverständlich geworden.

Und damit wären wir beim Thema Nachhaltigkeit oder Sustainability. Dieser Begriff bringt im Grunde genau das zum Ausdruck: Wir sollten so wirtschaften, dass wir nicht auf Kosten der Zukunft leben. Es soll der langfristige Erfolg zählen und nicht der kurzfristige Glanz. Man denkt dabei häufig zuerst an Umweltprobleme oder an Rohstoffe, ausgehend vom Club of Rome, einer kritischen Organisation, die sich Ende der 60er-Jahre mit dramatischen Warnungen zu Wort gemeldet und damit auch das Bewusstsein vieler Menschen geprägt hat. Sie schrieb damals den Trend steigenden Energie- und Rohstoffverbrauchs weit in die

Zukunft fort und kam zu der berühmten Schlussfolgerung von den »Grenzen des Wachstums«, die bald erreicht sein würden. Wir wissen heute, dass die Dramatik übertrieben war. Die Rohstoffe sind nicht so schnell aufgebraucht worden wie vorausgesagt. Weil neue Lagerstätten gefunden wurden, aber auch, weil – zum Teil aufgeschreckt durch die Warnungen – mit sehr viel Intelligenz und Fleiß neue Techniken entwickelt wurden, die mit weniger Energie und Rohstoffen auskommen. Wer heute den Club of Rome belächelt, weil seine düsteren Prognosen nicht eingetroffen sind, hat daher nicht verstanden, wozu Prognosen eigentlich dienen: eher als Warnungen und nicht als exakte Vorhersagen der Zukunft.

Wenn man sich vor Augen hält, mit welcher Selbstverständlichkeit heute Probleme wie der Klimawandel in weiten Teilen der Bevölkerung zumindest grundsätzlich sehr ernst genommen werden, dann kann man sich schwer in die Zeit vor nur wenigen Jahrzehnten zurückversetzen, als Umweltprobleme nur von einer Minderheit überhaupt registriert wurden. Sehr früh haben sich allerdings auch die großen Versicherer dafür interessiert: Sie fürchten die Schäden großer Umweltkatastrophen, weil sie im Schadensfall dafür bezahlen müssen.

Unter die Überschrift Nachhaltigkeit passen aber nicht nur Umweltprobleme. Häufig werden hier auch soziale Fragen abgehandelt. Die Frage lautet: Wie werden Mitarbeiter behandelt – die eigenen, aber auch die der Zulieferer? Nachhaltigkeit heißt dann, für Arbeitsverhältnisse zu sorgen, die langfristig Bestand haben können, statt nach absehbarer Zeit zu zerbrechen, weil sie unhaltbar sind. Und als dritten Bereich kann man unter dieser Überschrift sogar rein geschäftliche Fragen abhandeln: Ein nachhaltiges Geschäftsmodell ist eines, das auf lange Sicht Erfolg verspricht.

Spätestens hier wird deutlich, warum die Sustainability heute so eine große Rolle spielt: bei den Unternehmen selbst, aber zum Beispiel auch bei Investoren, die langfristig Geld anlegen und dabei ein gutes Gewissen haben wollen. Dieser Begriff öffnet die Perspektive dafür, dass ethische und rein finanzielle Ziele zumindest grundsätzlich in Übereinstimmung zu bringen sind. Und das ist für Manager und Unternehmer äußerst wichtig. Denn sie verstehen sich ja in erster Linie als Geschäftsleute und sind ihren Investoren gegenüber für den finanziellen Erfolg verantwortlich – wenn der fehlt, werden auch Topmanager sehr schnell gefeuert, wenn auch meist mit »goldenem Handschlag«, also einer mehr als auskömmlichen Abfindung. Auf der anderen Seite will niemand das Bild des »bösen« Managers abgeben.

Also gilt es, beide Punkte zu verbinden – und damit kommt das Thema Nachhaltigkeit ins Spiel.

Denn häufig scheint sich da, wo es kurzfristig einen Gegensatz zwischen Ethik und Profit gibt, langfristig eine Übereinstimmung anzudeuten. Beispiele dafür gibt sehr viele. Umweltschutz kostet kurzfristig Geld. Aber langfristig haben die Unternehmen mehr Erfolg, die sich früh genug damit beschäftigen. Ähnlich gilt: Gute Löhne und Arbeitsbedingungen sind teuer für das Unternehmen. Aber langfristig dienen sie dazu, gute Mitarbeiter an sich zu binden. Und im Bereich der Finanzmärkte zeigt sich erst recht: Manche Geschäfte, die kurzfristig Gewinn bringen, lässt man lieber bleiben, weil sie viel zu riskant sind.

Wie vertragen sich Moral und Markt?

Unternehmen stehen also unter Druck: Sie müssen Gewinn erzielen, und das lässt ihnen häufig nur wenig Spielraum, sich zum Beispiel mit sozialen Fragen zu befassen. Daraus ergibt sich die

Grundsatzfrage: Passen Ethik und Markt überhaupt zusammen? Läuft nicht jeder Versuch, beides zusammenzubringen, doch auf Augenwischerei hinaus? Finanz- und Eurokrise haben das Interesse an diesen Fragen wieder geweckt. Plötzlich schimpfen sogar konservative Politiker auf die Märkte. Mitunter wird eine Art Kampf zwischen der Politik und den Märkten beschworen, meist mit der Forderung, die Politik müsse den Primat behaupten oder die Märkte »bändigen«.

Aber überlegen wir zunächst, wie Ethik und Markt auf der Ebene der Unternehmen zusammenpassen. Ein weitverbreiteter Standpunkt, den zum Beispiel Jürgen Fitschen, einer der beiden Chefs der Deutschen Bank, Mitte 2012 in einem Gastbeitrag für das »Handelsblatt« vertreten hat, lautet: Die Marktwirtschaft spielt grundsätzlich schon eine ethisch positive Rolle. Denn sie schafft Wohlstand für viele Menschen. Daraus folgt, dass Unternehmen, die in der Marktwirtschaft erfolgreich tätig sind, zunächst einmal »gut« sind. Sie schaffen Werte, wobei Fitschen hierbei bewusst keine scharfe Unterscheidung zwischen materiellen und ideellen Werten trifft: Wohlstand ist zunächst eine materielle Angelegenheit, aber, weil er Menschen Freiheit und Entfaltungsmöglichkeiten bietet, ja auch aus ethischer Sicht positiv zu sehen.

An dieser Einstellung ist eine Menge richtig. Auch der Ökonom und Philosoph Amartya Sen, den man grob als linksliberal einordnen könnte, betont in seinen Büchern immer wieder den positiven Beitrag der Marktwirtschaft zu einem freien, selbstbestimmten Leben. Zweifellos ist es nicht falsch, den grundsätzlich positiven Beitrag der Unternehmen auch einmal zu betonen. Wir neigen ja dazu, das heute übliche große Warenangebot für selbstverständlich zu halten, nehmen aber die Unternehmen, die

Waren bereitstellen, zugleich als störende Organisationen wahr. Auch die Tatsache, dass Unternehmen Arbeitsplätze schaffen, fällt in der Öffentlichkeit oft nur dann auf, wenn sie wieder Arbeitsplätze streichen.

Trotzdem bringt einen diese Diskussion nicht weiter. Die Tatsache, dass Demokratie grundsätzlich eine gute Einrichtung ist, sagt auch noch nichts darüber aus, welche Politik richtig ist. Wir sollten uns daher auf die Frage konzentrieren: Wie viel Spielraum haben Unternehmen in einer Marktwirtschaft, ethische Kriterien zu beachten? Schreibt ihnen nicht letztlich der Markt vor, was sie zu tun haben?

In der Tat wäre es naiv zu glauben, mit gutem Willen und dem Bekenntnis zu Werten ließe sich ein Unternehmen im Hauruck-Verfahren auf Ethik trimmen. Wer Autos verkauft, die wenig Sprit verbrauchen, aber den Kunden einfach zu lahm sind, wird damit scheitern. Wer Kleidung verkauft, die von gut bezahlten Näherinnen hergestellt wurde, aber viel zu teuer ist, ebenfalls. Auch eine Bank, die nicht auf die Gewinne achtet, ist schnell weg vom Fenster.

Auf der anderen Seite ist es aber auch Unsinn, so zu tun, als hätten Unternehmer überhaupt keine Entscheidungsfreiheit, sondern würden von einer anonymen Marktlogik quasi ferngesteuert. Wer je in einem Unternehmen gearbeitet hat, weiß, dass das nicht stimmt. Letztlich ist die Situation dort nicht viel anders als überall im Alltag: Man ist bestimmten Zwängen ausgesetzt, man kann sich nicht alles leisten, aber man hat jede Menge Gelegenheiten, gute oder schlechte Entscheidungen zu treffen – und dabei kann »gut« sowohl in ethischer wie in rein geschäftlicher Hinsicht gemeint sein. Märkte sind selten so perfekt wie im Lehrbuch, deswegen funktioniert Marktwirtschaft auch nicht wie ein mathematisches Modell oder eine Maschine.

In der Praxis gibt es große Unterschiede. Gut verdienende Unternehmen haben in der Regel mehr Spielraum für Ethik als schlecht verdienende. Familienunternehmen tun sich oft leichter damit, tatsächlich langfristig, also nachhaltig, zu planen als börsennotierte Konzerne, weil sie mehr der nächsten Generation gegenüber verantwortlich sind als fremden Investoren, die nur auf das nächste Quartalsergebnis schauen.

Ethik und Globalisierung

Ethische Probleme werden häufig von Globalisierungskritikern aufgegriffen oder direkt der Globalisierung zugesprochen. Und es ist ohne Zweifel richtig, dass weltweit agierende Konzerne sehr schwer zu kontrollieren sind – sowohl für das Management selbst als auch für die Politik oder Umwelt- und Menschenrechtsorganisationen. Auf der anderen Seite ist das Beispiel China lehrreich: Dieses Land hat sich in den letzten Jahrzehnten aus bitterster Armut emporgearbeitet. Und möglich war das nur, weil zahlreiche Konzerne ihre Produkte in China anfertigen ließen: Das brachte die Anfänge des Wohlstands und das technische Wissen ins Land, um eigene Produkte zu entwickeln. Ähnliches gilt für Südkorea und – einige Jahrzehnte vorher – für Japan: Die Globalisierung bot die Chance, zu exportieren und damit ein besseres Leben aufzubauen. Am schlechtesten geht es tatsächlich den Ländern, die von der Weltwirtschaft weitgehend abgeschnitten sind, dazu gehören einige afrikanische Staaten.

China verändert sich zurzeit sehr stark. Nachdem es jahrelang der Inbegriff für billige Produktion war, sind in einigen industrialisierten Regionen, etwa in Schanghai, die Löhne bereits deutlich angestiegen. Wenn es nur um niedrige Arbeitskosten geht, schauen die Konzerne sich mittlerweile lieber in entlegeneren Regionen Chinas oder gleich in anderen Ländern wie Vietnam oder Laos um. Einige europäische und amerikanische Unternehmen haben ihre Produktion auch wieder aus China abgezogen und nach Hause geholt. Die Chinesen selbst bauen ihre Wirtschaft um und stellen mehr hochwertige Güter her. Möglicherweise hat die besonders krasse internationale Arbeitsteilung, nach der die Industrieländer sich in vielen Branchen auf Aufgaben wie Design, Entwicklung und Marketing konzentrieren und die eigentliche Produktion in weit entfernte Länder auslagern, sogar schon ihren Höhepunkt überschritten.

Globalisierung bietet auch die Chance, in weit entfernten Gebieten Verbesserungen durchzusetzen. Internationale Konzerne reagieren eher auf Druck ihrer Kunden als nationale Unternehmen aus den Schwellenländern selbst. Mitunter sprechen Kritiker etwa in China oder Indien auch ganz bewusst ausländische Konzerne an und verlangen von ihnen, eine Vorreiterrolle zu übernehmen.

Es wäre also falsch, Globalisierung pauschal abzulehnen. Trotzdem ändert das nichts daran, dass die reichen Länder immer noch mehr davon profitieren als die armen: Unsere Konsumenten müssten viel höhere Preise zahlen, und unsere Exportunternehmen hätten weitaus geringere Absatzmöglichkeiten, wenn es die Globalisierung nicht gäbe. Das sollte zusätzlich den Anreiz geben, genau hinzuschauen, wie die Unternehmen in der weiten Welt auftreten.

Kaum zu lösen ist der grundlegende ethische Konflikt zwischen Industrie- und Schwellenländern im Umweltbereich. Wir haben in Europa schon in den vergangenen Jahrhunderten bis auf Restbestände unsere Urwälder vernichtet und zahlreiche Tierarten ausgerottet. Auf der anderen Seite werfen wir Schwellenländern vor, dass sie sich zu wenig um die Erhaltung ihrer Natur kümmern. Europa und Amerika verbrauchen auch dermaßen viel Energie und andere Rohstoffe, dass unser Planet es kaum verkraften würde, wenn alle Menschen diesen Lebensstandard genießen wollten. Auch das sollte Ansporn für europäische und amerikanische Unternehmen sein, im Umweltbereich besondere Sorgfalt walten zu lassen.

Gibt es Alternativen?

Menschen, die sich für ethische Probleme in Unternehmen interessieren, sehnen sich häufig geradezu danach, eine alternative Wirtschaftsordnung zu finden, in der es nicht mehr in erster Linie um Profit und Renditen geht. Dann, so die Hoffnung, würden sich viele Probleme von allein lösen. Umgekehrt gibt es auch die Einstellung, dass kapitalistische Konzerne ohnehin nie zu einem echten Engagement zu bewegen seien – weil sie eben an die Spielregeln des Kapitalismus gebunden seien.

Gibt es also Alternativen zum Kapitalismus? Zu diesem Thema sind schon ganze Bibliotheken geschrieben worden – mit bemerkenswert geringem praktischem Erfolg. Die Diskussion ist oft schon deshalb schwierig, weil meist nicht genau gesagt wird, was unter Kapitalismus zu verstehen sei. Gerade in Deutschland ist es zurzeit wieder in Mode, Kapitalismus und soziale Marktwirtschaft gegeneinander auszuspielen. Nach dem Motto: Kapitalismus wollen wir nicht, soziale Marktwirtschaft aber schon. Ich würde dagegen jede Wirtschaftsordnung als kapitalistisch bezeichnen, bei der es einen funktionierenden Kapitalmarkt gibt, das heißt, wo Geld frei investiert werden kann von Leuten, die damit noch mehr Geld verdienen wollen. So besehen ist die soziale Marktwirtschaft eine sozial ausgestaltete

Variante des Kapitalismus, aber keine Alternative dazu. Ich glaube auch nicht, dass es eine Alternative gibt. Die sorgfältige Analyse wirtschaftlicher Zusammenhänge und die historische Erfahrung zeigen ganz deutlich: Ohne einen funktionierenden Kapitalmarkt gibt es keinen breiten Wohlstand, weil Geld dann eben nicht produktiv eingesetzt, sondern verpulvert wird. Die wirkliche Alternative zu einem funktionierenden Kapitalismus sind verschiedene Arten von traditionellem oder bürokratischem Feudalismus, bei dem die herrschenden Klassen ihren Reichtum verplempern, statt damit etwas Sinnvolles zu unternehmen – also Unternehmer zu werden. Manchmal werden gerade solche Zustände dann aber als typisch kapitalistisch bezeichnet.

Freilich gilt auch: Ein funktionierender Kapitalmarkt sollte einer sein, in dem tatsächlich langfristig investiert und nicht nur kurzfristig spekuliert wird. Die Exzesse der Finanzbranche, die immer wieder auftreten, vor allem wenn eine konsequente staatliche Regulierung des Sektors fehlt, sind daher nicht eine besonders hoch entwickelte, sondern eher eine degenerierte Form des Kapitalismus. Anders als es vor der großen Finanzkrise 2008 von vielen Politikern und Bankern verkündet wurde, sind eine gute staatliche Regulierung der Märkte – vor allem der Kapitalmärkte – und Marktwirtschaft oder Kapitalismus keine Gegensätze. Im Gegenteil: Märkte funktionieren nur, wenn die Regeln stimmen und ihre Einhaltung auch überwacht wird. Der ideologische Gegensatz von Staat und Markt, der zum Teil bis heute die politische Diskussion bestimmt, ist überholt.

Die große Alternative zum Kapitalismus ist also nicht zu finden, es gibt nur besser oder schlechter funktionierende Varianten dieses Systems, und es gibt Länder, in denen die Ergebnisse stärker oder weniger stark vom Staat, zum Beispiel durch das Steuersystem, im Sinne einer sozialen Umverteilung korrigiert werden.

Aber ist es nicht möglich, Unternehmen zu gründen, bei denen Gewinne gar nicht im Zentrum des Geschäfts stehen? Doch, das ist möglich. Zunächst fallen einem da die Genossenschaften ein, die gerade im deutschsprachigen Raum eine große Tradition haben. Alle Volks- und Raiffeisenbanken sind so organisiert, daher werben sie regelmäßig bei ihren Kunden darum, »Genossen«, also Miteigentümer zu werden. Aber auch einige recht große Versicherungen sind ganz ähnlich organisiert, in Deutschland etwa die Debeka und die Huk Coburg; sie werden in der alten Rechtsform des VvaG (Versicherungsverein auf Gegenseitigkeit) geführt, bei der alle Kunden, häufig ohne sich dessen bewusst zu sein, zugleich Miteigentümer des Unternehmens sind. Diese genossenschaftlichen Unternehmen stehen nicht unter dem Zwang, ihre Gewinne zu maximieren. In der Praxis suchen sie meist eine Balance zu erreichen: gute Preise für die Kunden (die ja oft auch Miteigentümer sind) und trotzdem einen ausreichenden Gewinn, um die Kapitalpolster aufzufüllen. Anders gesagt: Sie sind Teil des kapitalistischen Systems, haben aber ein wenig mehr Freiraum als zum Beispiel Aktiengesellschaften. In der vergangenen großen Finanzkrise waren sie in Deutschland, anders als Aktienbanken und der Sparkassensektor, übrigens nicht auf staatliche Hilfen angewiesen.

Daneben gibt es neuerdings auch noch sogenannte Sozialunternehmen, bei denen bestimmte soziale Zwecke Vorrang vor der Gewinnerzielung haben. Man darf sich aber keinen Illusionen hingeben: Ohne Gewinn gibt es keine Rücklagen und ohne Rücklagen keine Sicherheit und kein Wachstum des Unternehmens.

Der Blick in die Unternehmen

Wie weit reicht die Verantwortung?
Schauen wir jetzt genauer hin, welche Fragen an die Unternehmen zu stellen sind. Die Frage, wie weit die Verantwortung der Unternehmen reicht, ist besonders kompliziert zu beantworten. Eine radikale Antwort lautet: Sie sind nur dafür verantwortlich, Gewinn zu erwirtschaften und dabei die geltenden Spielregeln einzuhalten. Es gibt sogar eine eigenständige Richtung der Wirtschaftsethik, die in Deutschland vor allem mit dem Namen Karl Homann verbunden ist, die die Aufgabe der Unternehmen in erster Linie genauso sieht, wie es viele Manager in der Praxis ebenfalls tun: Unternehmen sollen erfolgreich wirtschaften. Für ethische Fragen ist nach dieser Theorie die Politik zuständig. Sie muss die Rahmenbedingungen setzen und sollte dabei natürlich auch ethische Fragen beachten. Die Aufgabe der Unternehmen ist dann nur, sich innerhalb dieses Rahmens zu bewegen und Wohlstand zu erwirtschaften. Auch der bekannte US-Ökonom Milton Friedman hat die Ansicht vertreten, dass Manager in ihrer Rolle als Manager nur den Eigentümern des Unternehmens – also dem Gewinn – verpflichtet sind. Wenn sie sich zusätzlich für gute Zwecke engagieren wollen, sollten sie das außerhalb ihrer Arbeitszeit tun.

Diese Einstellung kann man inzwischen getrost als überholt betrachten. Sie hätte allenfalls in einer perfekt organisierten Gesellschaft Berechtigung, wo man sich darauf verlassen kann, dass die Rahmenbedingungen so gestaltet sind, dass für die Unternehmen nur noch die Aufgabe übrig bleibt, gut zu wirtschaften. Tatsächlich funktioniert kein Staat der Welt so perfekt. Das liegt allein schon daran, dass Politik jeweils einige Zeit braucht, bis sie neue Themen aufgreifen und gestalten kann. Häufig entwickeln

Unternehmen neue Produktionsmethoden oder – wie zum Beispiel Google und Facebook – ganz neue Geschäftsmodelle, die bisher unbekannte Probleme aufwerfen, etwa im Umweltbereich oder im Datenschutz. Es dauert dann oft Jahre, bis es hierzu passende Gesetze und Verordnungen gibt. Und bis das der Fall ist, müssen die Unternehmen zunächst einmal selbst die volle Verantwortung übernehmen.

Hinzu kommt: Im Zuge der Globalisierung machen viele Unternehmen auch in Ländern Geschäfte, die alles andere als perfekt funktionieren. Zum Teil fehlen Gesetze oder Verordnungen in wichtigen Bereichen. Zum Teil sind die Gesetze durchaus vorhanden, werden aber nicht umgesetzt, weil die Behörden korrupt sind oder ihnen die notwendigen Mittel zur Durchsetzung fehlen. In weiten Teilen Asiens gibt es zum Beispiel genaue Vorschriften, die Kinderarbeit verbieten, aber manchmal werden sie einfach missachtet. Im Extremfall kommen westliche Konzerne dann in die Rolle, Vorreiter bei der Umsetzung der geltenden Regeln zu werden, also bis zu einem gewissen Grad Funktionen zu übernehmen, die nach der reinen Lehre der Liberalen dem Staat obliegen.

Die Welt funktioniert nicht wie ein mathematisches Modell. Deswegen bleiben für Konzerne genügend Entscheidungsspielräume, damit aber auch die entsprechende Verantwortung. Die meisten Großunternehmen haben das auch vom Grundsatz her längst akzeptiert. Ob diese Verantwortung im Alltag auch immer gelebt wird, ist freilich nicht sicher.

Es gibt noch eine andere Argumentation, mit der sich die Verantwortung von Unternehmen infrage stellen lässt. Sie geht von einem konsequenten Individualismus aus. Danach können Organisationen gar keine Verantwortung übernehmen, sondern nur die einzelnen Menschen, die darin arbeiten. Ein Unternehmen ist sozusagen einfach die Summe der darin Beschäftigten, aber keine tatsächlich handelnde Persönlichkeit. Wer aber nicht handelt, kann auch keine Verantwortung übernehmen.

Ihren Ausdruck findet diese Einstellung darin, dass Unternehmen in vielen Ländern nicht strafrechtlich verfolgt werden können. Auf der anderen Seite müssen sie aber bei Fehlverhalten, etwa der Bildung von Kartellen, durchaus Bußgelder bezahlen – und zwar die Unternehmen, nicht die Manager (die werden bei Vergehen eventuell zusätzlich bestraft). Außerdem sind Unternehmen natürlich als rechtliche Persönlichkeiten anerkannt und werden im Zweifel, wenn sie einen Schaden anrichten, auch zur Kasse gebeten. In der Praxis werden sie also durchaus als eigene Personen behandelt, auch wenn dies in der Theorie gar nicht so leicht zu begründen ist.

Es gibt freilich Grenzfälle. Zum Beispiel, wenn Unternehmen nach vielen Jahrzehnten noch mit Schadenersatzforderungen konfrontiert werden, weil sie in der Vergangenheit zum Beispiel Zwangsarbeiter direkt oder indirekt beschäftigt haben. Diese sehr schwierige Diskussion ist über Konzerne wie BMW geführt worden, die in der Nazizeit von der Arbeit von KZ-Häftlingen profitiert haben, aber jüngst auch über Ikea, weil das Möbelhaus Waren verkauft hat, die unter menschenunwürdigen Umständen in der DDR produziert worden sind.

Bei Ikea kann man davon ausgehen, dass der Konzerngründer, der damals profitiert hat, heute noch das Sagen hat. Bei BMW gibt es auch eine gewisse Kontinuität, weil Großaktionärin seit Langem die Familie Quandt ist. Aber in anderen Fällen sind heute ganz andere Mitarbeiter und Manager als in der Vergangenheit im Unternehmen tätig, sie haben auch weitgehend andere Eigentümer. Bei vielen deutschen Unternehmen sind die Investoren sogar zu einem großen Teil ausländische Aktionäre.

Wenn ein solches Unternehmen für Vergehen der Vergangenheit zur Kasse gebeten wird, zahlen dafür Eigentümer, die mit diesen Vergehen nichts zu tun hatten. Wieweit darf man diese Eigentümer belasten? Das zeigt: Wenn man Unternehmen als selbstständige Personen behandelt, kann das zu Problemen führen. Denn der extrem individualistische Standpunkt ist natürlich in einem Punkt berechtigt: Wenn das Unternehmen zur Kasse gebeten wird, bezahlen immer ganz konkrete Menschen die Rechnung, in der Regel die Eigentümer, manchmal indirekt aber auch die Beschäftigten.

Nur zur Ergänzung sei erwähnt, dass manche Ethiker Unternehmen nicht nur als Personen ansehen, sondern ihnen auch eine moralische Persönlichkeit zuschreiben. Das mag auf den ersten Blick absurd klingen. Es zeigt aber mehr Einsicht in die Art und Weise, wie Unternehmen tatsächlich funktionieren, als wenn man naiv davon ausgeht, die Moral eines Unternehmens sei sozusagen die Summe der moralischen Qualitäten seiner Mitarbeiter. Denn in Wahrheit spielt es eine große Rolle, in welchen Märkten sich ein Konzern bewegt und nach welchen Kriterien er intern seine leitenden Funktionen besetzt.

Eine einfaches Beispiel: Eine Fondsgesellschaft wird in Jahren, in denen die Aktienmärkte steigen, in der Regel risikobereite Fondsmanager befördern, weil die bessere Ergebnisse erzielen und damit mehr Kunden ins Haus bringen. Vielleicht gibt es genauso viele vorsichtige Manager bei dem Unternehmen – aber die kommen eben nicht zum Zug. Wenn sich die Märkte nach unten drehen und die Optimisten mit ihrer Risikobereitschaft plötzlich hohe Verluste erwirtschaften, sind auf einmal die Vorsichtigen gefragt. So ändert ein Unternehmen unter Umständen seine »moralische Persönlichkeit« mit dem Markt. Wichtig ist auch: Wenn ein Konzern einmal ein bestimmtes Image aufgebaut hat, bewerben sich dort auch vorzugsweise bestimmte Leute. Eine Investmentbank wie Goldman Sachs ist eben eher für clevere, skrupellose als für brave, umsichtige Banker attraktiv. Deswegen bestimmen nicht nur die Mitarbeiter die »Persönlichkeit« des Unternehmens, sondern umgekehrt entwickelt das Unternehmen ganz eigene »Wesenszüge«, die sich bis zu einem gewissen Grad verselbstständigen und dann wieder die Mitarbeiter beeinflussen. Wer diesen Aspekt außer Acht lässt, wird in Sachen Unternehmensethik nicht weit kommen.

Was sind die größten Probleme in der Praxis?
Unternehmen reagieren in der Regel auf die Themen, die in der Öffentlichkeit breit diskutiert werden. Das ist verständlich. Schließlich ist Ethik keine private Veranstaltung, sondern ihre Maßstäbe entstehen weitgehend durch die öffentliche Debatte. Wenn allerdings ein Unternehmen keinerlei eigene Maßstäbe hat und sich kaum bemüht, vorausschauend mögliche Probleme zu finden und zu analysieren, dann führt das dazu, dass es fast nur auf Kritik von außen reagiert, was auch keinen guten Eindruck macht.

Die öffentliche Debatte über ethische Probleme ist alles andere als rational. Sehr häufig spielen Bilder eine große Rolle. Was rührt mehr an als Bilder von Kindern in Not? Beinahe genauso stark sprechen Tiere die Gefühle des Betrachters an. Daher ist es nicht verwunderlich, dass zwei Themen für viele Unternehmen eine große Rolle spielen: Kinderarbeit und Palmöl. Dieses Öl deswegen, weil – vor allem in Indonesien – häufig großflächig Urwald gerodet wird, um Raum für die Plantagen zu gewinnen. Die Menschen werden aus diesen Wäldern vertrieben – und die Tiere. Dieses Thema lässt sich sehr gut mit Orang-Utans bebildern, einer bedrohten Tierart, die dem Menschen sehr nahe ist.

Palmöl ist sehr energiereich und wird daher zum Teil sogar zur Produktion von Biosprit verwendet – das hat besonders laute Proteste hervorgerufen. Aber auch viele Lebensmittel- und Kosmetikhersteller greifen darauf zurück.

Für die Lebensmittelbranche ist die Kinderarbeit ein großes Problem. Während es in einigen Bereichen, etwa der Textilbranche, offenbar deutliche Fortschritte gibt, tun sich vor allem Schokoladeproduzenten schwer, den Einsatz von Kindern auf Kakaoplantagen zu unterbinden – ein Problem zum Beispiel für Nestlé. Denn diese Plantagen befinden sich zum Teil in Familienbesitz, wo es »traditionelle« Kinderarbeit gibt wie früher auch in Europa. Zum Teil werden aber offenbar immer noch Kinder angeworben oder gar verschleppt und in entlegeneren Anbaugebieten eingesetzt – ein Problem, das vor allem Westafrika betrifft.

Ein weiterer großer Bereich sind die Arbeitsbedingungen bei Zulieferbetrieben. Ein großer Teil der Textilbranche stellt gar nichts mehr selbst her, sondern bezieht die Ware aus Schwellenländern. Ähnliches gilt für Teile der Elektroindustrie und zum Teil auch für Möbel. Die meisten derartigen Fabriken stehen in China, dort werden zum Beispiel die iPads und andere Produkte von Apple hergestellt. Und Bangladesch ist ein weiterer Schwerpunkt der Textilindustrie, vorn dort kommen etwa viele Produkte von Hennes & Mauritz. Die meisten Klagen beziehen sich auf ausufernde Arbeitszeiten, schlechte Bezahlung, manchmal auch mangelhaften Arbeitsschutz oder beengte Unterkünfte. Ein großes Problem ist, dass in manchen Ländern die Bildung von Gewerkschaften von der Regierung oder von den ortsansässigen Unternehmen behindert wird.

Der zweite große Bereich neben den sozialen Bedingungen ist die Umwelt. Hier spiegeln die Nachhaltigkeitsberichte der

Konzerne deutlich die Debatte über den Klimawandel wieder. In fast allen Branchen wird versucht, CO_2-Bilanzen zu erstellen. Derartige Aufstellungen können sich einmal auf die Produktion beziehen. Häufig versuchen die Konzerne aber auch schon, den gesamten Lebenszyklus zu erfassen, also zum Beispiel zu errechnen, wie viel CO_2-Ausstoß eine Waschmaschine mit durchschnittlicher Lebensdauer und durchschnittlicher Auslastung verursacht.

Neben dem »Klimagas« CO_2 spielen auch andere Schad- oder Rohstoffe eine große Rolle. Ein Konzern wie Coca-Cola zum Beispiel muss sich mit dem gigantischen Wasserverbrauch, den seine Produkte erfordern, auseinandersetzen. Viele Hersteller werden kritisiert, weil sie giftige Chemikalien in die Umwelt ablassen oder weil sie seltene Rohstoffe verwenden, die unter menschenunwürdigen Umständen gefördert werden. Ein Beispiel hierfür ist Coltan, ein Erz, aus dem das seltene Metall Tantal gewonnen wird, das man auch für Handys braucht. Nach heftiger Kritik an den Zuständen im Kongo, wo häufig Kleinschürfer mit ihren Familien dieses Erz ausgruben, haben die meisten Konzerne zumindest offiziell Lieferungen aus diesem Land von ihrer Liste gestrichen. Die Sache hat allerdings eine Kehrseite: Die Coltan-Förderung im Kongo ist dadurch weitgehend zusammengebrochen, und vielen Menschen fehlt damit die Grundlage für ihren dürftigen Lebensunterhalt. Das Beispiel zeigt: Lieferungen einfach zu stoppen, ist oft keine gute Lösung. Besser ist es, direkt auf eine Verbesserung der Produktionsverhältnisse hinzuarbeiten. Im Kongo sind allerdings die politischen Verhältnisse so chaotisch, dass kaum ein Unternehmen bereit ist, in eine eigene Produktion zu investieren, bei der dann bessere Arbeitsverhältnisse durchgesetzt werden könnten.

Die CSR-Abteilungen der Konzerne, die sich um ethische Themen kümmern, konzentrieren sich meist auf diese beiden Bereiche: Soziales und Umwelt. Aber Ethik hat nicht nur damit zu tun, wie man Mitarbeiter, Zulieferer und die Umwelt behandelt. Auch die Kunden haben Ansprüche, und nicht zuletzt auch die Investoren. Allerdings sind Kunden und Investoren auch aus rein geschäftlicher Perspektive wichtige Gruppen, daher werden die Probleme dort häufig nicht als ethisch im engeren Sinne wahrgenommen. Sie sollen trotzdem nicht ausgeklammert bleiben. Wenn Finanzkonzerne zum Beispiel Kunden, die kaum eine Chance haben, Produkte richtig einzuschätzen, systematisch falsch beraten, dann ist das ein ethisches Problem. Und Tests von Verbraucherschützern belegen ja regelmäßig, dass es immer wieder großflächig zu schlechter Beratung kommt. Aber auch wenn Aktionäre schlecht behandelt werden, kann man das nicht immer als rein geschäftliche Angelegenheit abtun. Der Börsengang der Deutschen Telekom etwa hat sich für viele Kleinaktionäre als Falle erwiesen, was endlose juristische Querelen nach sich zog. Auch als Facebook im Frühjahr 2012 an die Börse ging, wurden eine Menge unerfahrener Investoren über den Tisch gezogen. Weil Aktien für viele Leute ein Teil ihrer Altersvorsorge sind, darf man die ethische Seite derartiger Skandale nicht unterschlagen.

Wie lässt sich Ethik im Unternehmen verankern?
Über Ethik zu reden, ist einfach. Aber sie tatsächlich umzusetzen, ist sehr schwer, selbst wenn der gute Wille dazu vorhanden ist. Und je größer ein Unternehmen ist und je komplizierter sein Geschäftsmodell und seine Verbindungen zu anderen Unternehmen sind, desto schwieriger wird die Sache.

Meist steht am Anfang des ethischen Engagements ein Bekenntnis zu bestimmten Werten. Diese werden in Ethik-Codes oder Ähnliches gegossen. Dabei kann es sich um sehr kurze Regelwerke oder um ausführliche Handbücher handeln, die im Detail vorschreiben, was wie umgesetzt werden soll. In der Praxis kommt es darauf an, die richtige Balance zu finden: Ist der Kodex zu kurz und zu allgemein, dann taugt er nicht dazu, wirklich Maßstäbe zu setzen. Artet er hingegen in einen Wust von Vorschriften aus, ist die Gefahr sehr groß, dass diese im Alltag gar nicht umgesetzt werden, weil sie auch gar nicht bekannt sind. Es hilft nichts: Derartige Kodizes müssen immer wieder auf ihre Praxistauglichkeit überprüft und angepasst werden.

Das nächste Problem ist die Kontrolle. Und das gilt vor allem für Unternehmen, die sehr stark von Zulieferern in Schwellenländern abhängig sind. Die meisten Konzerne bekennen sich zu den Regeln der Internationalen Arbeitsorganisation (ILO) der UNO, die einige Mindeststandards wie etwa das Verbot von Kinderarbeit und eine maximale Wochenarbeitszeit von 60 Stunden beinhalten. Aber wer setzt die Einhaltung dieser Regeln durch? Zunächst einmal muss mit den Zulieferern die Einhaltung dieser Regeln vertraglich vereinbart werden. Zum Teil steht in den Verträgen noch einmal ausdrücklich, dass die im jeweiligen Land geltenden gesetzlichen Bestimmungen zu beachten sind – was offenbar nicht selbstverständlich ist. Viele Konzerne haben eigene Abteilungen, die Kontrollen organisieren, und berichten auch ausführlich über die Ergebnisse.

Dabei sollte man sich klarmachen: Wenn nie Verstöße gefunden werden, dann dürften die Kontrollen wenig wert sein. Glaubwürdig sind daher vor allem Konzerne, die über Verstöße Auskunft geben und darstellen, wie sie dagegen vorgehen. Manchmal werden derartige Kontrollen externen Organisationen übertragen. Das hat den Vorteil, dass der Konzern die Ergebnisse nicht so leicht schönreden kann. Auf der anderen Seite ist aber das Argument, dass nur eine enge Zusammenarbeit mit den Zulieferern wirklich Verbesserungen bringen kann, nicht von der Hand zu weisen. In der Praxis dürften daher zunächst eigene Kontrollen die richtige Wahl sein, die aber hin und wieder durch externe »Audits« ergänzt werden sollten.

Bei derartigen Kontrollen ist auch Fantasie gefragt. So kann es zum Beispiel in Ländern wie Indien oder China vorkommen, dass Jugendliche bewusst ihr Alter zu hoch angeben und das auch mit falschen Papieren belegen, um einen Job zu bekommen. Manche Konzerne ziehen in Zweifelsfällen einen Arzt hinzu, der das Alter der Kinder schätzen soll.

Eine weitere Frage lautet: Wie reagiert der Konzern, wenn Probleme auftauchen? Meist gibt es bestimmte Regeln, die darauf hinauslaufen, bei mehreren Verstößen die Zusammenarbeit aufzukündigen. Zum Teil werden auch Zulieferbetriebe oder -regionen in unterschiedliche Risikostufen unterteilt: Wer zu häufig auffällt, wird eben häufiger kontrolliert. Es geht aber nicht nur um Kontrolle und Bestrafung, sondern auch um Beratung, etwa beim Aufbau eines Umweltmanagements oder von Systemen, um die geleistete Arbeitszeit korrekt abzurechnen. Und es stellen sich noch spezielle Probleme. Etwa bei der Kinderarbeit: Was macht man mit dem 14-Jährigen, der im Betrieb entdeckt wurde? Häufig wird der Zulieferer verpflichtet, ihm den Schulbesuch zu finanzieren. Manchmal gibt es auch Arrangements, ältere Geschwister einzustellen, damit der Familie das Einkommen erhalten bleibt. Einige Konzerne haben zudem eigene Schulungszentren für ehemalige Kinderarbeiter aufgebaut oder unterstützen sie.

Ethik und Geschäftsmodelle

Die meisten Konzerne geben sich inzwischen Mühe, einzelne ethische Probleme aufzuspüren und zu lösen oder wenigstens abzumildern. Was häufig aber fehlt, ist eine Analyse des gesamten Geschäftsmodells unter ethischen Gesichtspunkten. Im Grunde sollte jeder Konzern seine Struktur auf mögliche Probleme hin untersuchen und entsprechende Konsequenzen ziehen. Diese Konsequenzen können sehr unterschiedlich ausfallen: Im härtesten Fall wäre es geboten, eine bestimmte Art von Geschäften ganz aufzugeben. Die Folgerung kann auch sein, die Geschäfte völlig anders als bisher zu betreiben. Oder aber, im günstigen Fall, bestimmte Bereiche ganz bewusst noch auszubauen. Jeder Konzern sollte eine Art ethische Ampel verwenden, die einzelne Segmente oder Funktionsbereiche nach der Analyse mit den Farben Rot, Gelb oder Grün bewertet – und dann überlegen, wie man möglichst viel auf Grün umschalten kann.

Nennen wir ein paar Beispiele. Versicherungen sind grundsätzlich ein sinnvolles Geschäft. Die Art, wie sie verkauft werden, ist aber bei vielen Konzernen überhaupt nicht an die Kundenbedürfnisse angepasst. Und das liegt daran, wie der Vertrieb organisiert ist. Hier wäre die Ampel für den Vertrieb auf Gelb zu schalten: Es gibt keinen Grund, das Geschäft einzustellen, aber Anlass genug, den Vertriebsbereich völlig neu zu organisieren. Ganz ähnlich wären sicher in manchen Konzernen Überlegungen angebracht, statt mithilfe von Zulieferern wieder stärker in eigenen Betrieben zu produzieren: Häufig ist nur so sicherzustellen, dass bestimmte Mindeststandards eingehalten werden.

Es gibt aber auch Geschäftsmodelle, die insgesamt problematisch sind. Als Beispiele werden in diesem Buch die Deutsche Bank und UBS beschrieben. Einige Finanzkonzerne leben davon, Risiken auf unverantwortliche Art unter ihren Kunden zu verteilen – oder umgekehrt Kunden auf unverantwortliche Art bei der Steuerhinterziehung zu helfen. Hier fragt man sich in der Tat, ob das gesamte Geschäftsmodell eine Zukunft haben kann oder darf – die Ampel leuchtet rot. Die Finanzkrise und der Streit der Schweizer Banken insbesondere mit den amerikanischen Behörden machen deutlich: Wer über solche grundlegenden Problemen nicht nachdenkt, den kann es irgendwann böse erwischen. Ethische Probleme, das wird meist übersehen, können im Extremfall sogar die Existenz von Unternehmen gefährden. Daher sollte ihre Analyse in jedem Unternehmen Teil des Risikomanagements sein.

Umgekehrt gibt es auch Bereiche, wo die Ampel grün leuchtet: wenn zum Beispiel in Schwellenländern intelligente Mobilfunktechnik zur wirtschaftlichen Entwicklung beiträgt, wie bei Vodafone und Nokia. Oder wenn Produkte verkauft werden, die eine praktisch unbegrenzte Nutzungsdauer haben, ein Beispiel hierfür ist Lego.

Das Konzept der ethischen Profile

Die Auswahl der Unternehmen in diesem Buch

Ziel der Auswahl in diesem Buch ist, möglichst große und bekannte Marken vorzustellen. Daher finden sich auch kleinere Unternehmen in der Auswahl, deren Marke aber sehr bekannt ist, etwa Lego. Auf der anderen Seite stehen Großkonzerne wie Procter & Gamble, Unilever und LVMH, die mit einer Unzahl von verschiedenen Marken vertreten sind; die bekanntesten werden in den einzelnen Kapiteln jeweils zu Anfang aufgezählt, außerdem gibt es dazu einen Index ab Seite 259. Konzerne wie

BASF oder General Electric, die vor allem für Großkunden produzieren, werden meist nicht berücksichtigt. Einige Unternehmen haben Aufnahme gefunden, weil mit ihnen eine bestimmte Geschichte oder bestimmte ethische Problemstellungen verbunden sind. So ist Siemens dabei, obwohl der Konzern heute kaum noch typische Konsumgüter herstellt, weil er durch Korruptionsfälle Schlagzeilen gemacht hat – aber auch durch seine Bemühungen, dieses Unwesen abzustellen. Novartis ist Teil der Auswahl, um an einem großen Pharmahersteller die typischen Probleme dieser Branche zu diskutieren. Die Drogeriekette dm fand Aufnahme, weil ihr Gründer Götz Werner als bekennender Anthroposoph mit einem sehr ungewöhnlichen unternehmerischen Ansatz bekannt geworden ist.

Wenn man nach bekannten Marken sucht, fällt unweigerlich auf, wie extrem stark die amerikanischen Konzerne vertreten sind: von Apple über Google bis zu Coca-Cola oder McDonald's. Für dieses Buch wurden Unternehmen aus deutschsprachigen Ländern aber etwas stärker gewichtet als andere.

Wo finde ich Informationen?
Die meisten Konzerne berichten heute im Internet ausführlich über mögliche ethische Probleme – häufig unter Stichwörtern wie Nachhaltigkeit oder Verantwortung. Wichtig ist in diesem Zusammenhang die Global Reporting Initiative (GRI; globalreporting.org), nach deren Vorgaben viele Unternehmen ihre Berichte ausrichten. Übers Internet oder Medienarchive lassen sich auf der anderen Seite sehr schnell auch Berichte über Vorwürfe gegen einzelne Firmen finden. Dann gibt es Ratings (s. u.), außerdem Testberichte über einzelne Branchen oder Produkte, etwa vom Verkehrsclub Deutschland (vcd.org) über Autos, von der Zeitschrift »Ökotest« über Haushaltgeräte oder von Green-

peace über Elektronikfirmen wie Apple. Außerdem beschäftigen sich Organisationen wie das Institut Südwind, die Clean Clothes Campaign, Foodwatch oder Oxfam speziell mit der Fairness von Unternehmen. Interessant sind auch die Studien der Schweizer Bank Sarasin, die sich auf das Thema Nachhaltigkeit spezialisiert hat.

Für dieses Buch wurden möglichst viele interne und externe Berichte ausgewertet. Zum Teil werden die Medien ausdrücklich genannt, aus denen die Informationen stammen; bei Berichten, die in einer Vielzahl von Zeitungen in ähnlicher Weise erschienen sind, wurde aber darauf verzichtet.

Wer sich für den fachlichen Hintergrund interessiert, findet reiche Ausbeute im »Journal of Business Ethics« oder in der »Zeitschrift für Wirtschafts- und Unternehmensethik«. Daneben gibt es einige interessante Bücher zum Thema. Etwa »Die Verantwortung des Konsumenten«, herausgegeben von Ludger Heidbrink, Imke Schmidt und Björn Ahaus, wo die »Verbraucherethik« theoretisch aufgearbeitet wird. Oder »Unternehmen als moralische Akteure« von Christian Neuhäuser, wo die Rolle der Unternehmen philosophisch nach allen Regeln der Kunst beleuchtet wird. Wie ein gutes Lehrbuch der Betriebswirtschaftslehre ist »Unternehmensethik« von Elisabeth Göbel geschrieben. Und wer einen breiten Einblick in das Thema Wirtschaftsethik sucht, findet ihn im »Handbuch Wirtschaftsethik« von Michael S. Aßländer.

Ein Klassiker mit sehr kritischem Unterton ist das »Schwarzbuch Markenfirmen« von Klaus Werner-Lobo und Hans Weiss, neu aufgelegt als »Das neue Schwarzbuch Markenfirmen«. Es gibt auch sehr kritische Bücher zu einzelnen Unternehmen, etwa »Aldi – einfach billig« von Andreas Straub oder »Die Wahrheit über Ikea« von Johan Stenebo. Interessant für die Argumentation aufseiten der Unternehmer und Manager ist »Wertewandel mitgestalten« von Brun-Hagen Hennerkes und George Augustin, darin findet sich zum Beispiel ein Beitrag von Jürgen Fitschen, einem der beiden Chefs der Deutschen Bank. Einen kenntnisreichen Blick auf die ärmsten Länder der Welt bietet »Die unterste Milliarde« von Paul Collier.

Die Daten

Zu jedem Konzern werden in diesem Buch Umsatz, Gewinn und Zahl der Beschäftigten angegeben, um eine Vorstellung von der jeweiligen wirtschaftlichen Bedeutung zu geben. Diese Daten beziehen sich jeweils auf den jüngsten Jahresabschluss, der bis Juli 2012 verfügbar war; meist also auf das Geschäftsjahr, das am 31. Dezember 2011 geendet hat, es gibt aber auch abweichende Berichtsperioden. Bei Banken steht anstelle des Umsatzes die Bilanzsumme. Es wird jeweils der Gewinn nach Steuern angegeben. Die Umrechnung aus anderen Währungen in Euro und Schweizer Franken erfolgt in der Regel zum Kurs des Bilanzstichtags. Einige Unternehmen geben selbst Umsatz und Gewinn in Dollar oder Euro an, obwohl sie in anderen Währungen bilanzieren – dann wurden diese Angaben einfach übernommen. Die Geschäftszahlen stammen in der Regel aus den Geschäftsberichten, bei US-Konzernen zum Teil auch aus den Berichten für die Wertpapier-Aufsicht (SEC), dem jeweiligen »Formular 10-k«. Bei einigen Unternehmen, die ihre Zahlen nicht oder nur eingeschränkt publizieren, kamen auch Berichte oder Einschätzungen (dann immer mit »ca.« angegeben) aus Medien zum Zug.

Zu beachten ist: Der Umsatz kann je nach Branche sehr unterschiedlich ausfallen. Handelskonzerne haben im Verhältnis meist höhere Umsätze als produzierende Betriebe. Bei der Zahl der Beschäftigten handelt es sich nur um die Leute, die direkt beim Konzern angestellt sind, die Angaben sind in der Regel umgerechnet auf Vollzeitstellen. Vor allem US-Unternehmen veröffentlichen oft nur gerundete Angaben dazu, die hier auch mit »ca.« wiedergegeben werden. Viele Unternehmen wie etwa Adidas oder Apple lassen zudem einen großen Teil der Ware bei Zulieferern fertigen. Sie sind indirekt damit für weitaus mehr Beschäftigte mitverantwortlich, als aus der Zahl der direkt angestellten Arbeitnehmer und Arbeitnehmerinnen abzulesen ist. Außerdem sind zum Beispiel für McDonald's auch Personen in sogenannten Franchise-Betrieben beschäftigt, die von selbstständigen Unternehmen geführt werden, vom Angebot und Erscheinungsbild her aber vollständig in den Konzern eingebunden sind.

Die Ratings
Klassische Ratingagenturen bewerten die finanzielle Stärke von Unternehmen. Dieses Thema steht hier nicht im Vordergrund. Stattdessen werden Daten von drei Agenturen verwendet, die sich auf das Thema Nachhaltigkeit spezialisiert haben, also auf ethisch relevante Fragestellungen: Oekom Research (oekom-research.com) in München, Sustainability Asset Management (SAM; sam-group.com) in Zürich und Sustainalytics in Amsterdam (sustainalytics.com). Diese Agenturen arbeiten für Investoren, die ihr Geld (oder das ihrer Kunden) nach ethischen Kriterien anlegen wollen. Meist werden die Ratings daher nicht veröffentlicht, weil sie von den Investoren bezahlt werden, die natürlich die Ergebnisse ihren Konkurrenten nicht frei Haus liefern möchten. Zum Teil haben diese Agenturen auch eigene Aktienindizes aufgestellt, in die nur Unternehmen aufgenommen werden, die aus ethischer Sicht bestimmte Mindestanforderungen erfüllen. Solche Indizes, die recht breit aufgestellt sind, gibt

es zum Beispiel von SAM in Zusammenarbeit mit dem amerikanischen Indexanbieter Dow Jones. Ein anderes Beispiel sind die FTSE4Good-Indizes, die vom führenden britischen Indexanbieter FTSE errechnet werden (ftse.com). Weil es eine verwirrende Vielzahl dieser Indizes gibt und die Zusammensetzung in der Regel nicht transparent ist, wird die reine Mitgliedschaft in einem derartigen Index in diesem Buch ausgeklammert.

Stattdessen wird jeweils das Rating von Oekom Research verwendet, das diese Agentur freundlicherweise zur Verfügung gestellt hat; die Bewertungen stammen von Mitte 2012. Dazu kommt die Einschätzung laut dem Jahrbuch 2012 von SAM, in dem nur die wichtigsten, in ihrer jeweiligen Branche herausragenden Firmen dargestellt sind. Diese Daten sind auf der Website öffentlich zugänglich und werden jeweils in den ersten Monaten des Jahres aktualisiert. Außerdem wurde eine Anfang 2012 von Sustainalytics veröffentlichte Studie zu den Dax-Konzernen, also den 30 größten an der Börse notierten deutschen Unternehmen, herangezogen.

Da nicht alle der hier besprochenen Unternehmen von jeder dieser Agentur benotet oder in der jeweiligen Veröffentlichung dargestellt werden, finden sich bei einigen auch nur zwei oder weniger Ratings. Das heißt nicht, dass diese Unternehmen negativ zu beurteilen wären, sondern nur, dass es keine Note dazu gibt.

Die Methodik der Agenturen ist ebenso unterschiedlich wie die Darstellung der Ergebnisse. Oekom Research orientiert sich an der Darstellung der klassischen Ratings, mit denen die Finanzstärke beurteilt wird. Entsprechend gibt es eine Skala von A+ (beste Note) bis D– (schlechteste Note), also vier Buchstaben mit jeweils drei möglichen Vorzeichen. In der Praxis liegen aber die meisten Noten im Bereich von B und C. Zusätzlich hat

Oekom Research den Unternehmen, die innerhalb ihrer Branche zu den führenden gehören, noch den »Prime-Status« verliehen. Wo dies der Fall ist, wird es zusätzlich vermerkt. Der »Prime-Status« bewertet stärker als die Noten die Position relativ zu den direkten Konkurrenten.

Oekom Research bewertet grundsätzlich die Sozial-, die Kultur- und die Naturverträglichkeit. Je nach Branche werden diese Kriterien unterschiedlich gewichtet. Bei Autos etwa ist die Umwelt mit 60 Prozent am höchsten gewichtet, bei Textilien sind es die sozialen Kriterien, ebenfalls mit 60 Prozent. Datengrundlage sind die Berichte der Unternehmen, Interviews mit Vertretern der Unternehmen, Medienberichte und Studien von kritischen Organisationen.

Von SAM werden, wie gesagt, hier nur die Ergebnisse des Jahrbuchs verwendet. Dabei gilt Folgendes: Als Sector Leader gilt das Unternehmen mit der höchsten Punktzahl innerhalb seiner Branche. Wer maximal ein Prozent schlechter abschneidet als der Leader, kommt in die Gold-Klasse (jeder Leader gehört also auch zur Gold-Klasse). Von einem bis fünf Prozent Abstand zum Leader reicht die Silber-Klasse, darunter bis zehn Prozent gibt es Bronze. Außerdem hat SAM den Sector Mover erfunden: Das ist die Firma, die sich innerhalb der obersten 15 Prozent und binnen eines Jahres am stärksten verbessert hat. Bei SAM spielen Ökonomie, Umwelt und Soziales eine Rolle. Auch die nachhaltige wirtschaftliche Stärke wird also bewertet.

Das dritte verwendete Rating stammt von Sustainalytics und zeigt den Platz der großen deutschen Konzerne innerhalb der 30 Dax-Werte – der Dax ist der wichtigste deutsche Aktienindex. Dabei ergibt sich die Gesamtwertung aus drei einzelnen Wertungen der Bereiche Umwelt, Soziales und gute Unternehmensführung. Die Einzelergebnisse werden zum Teil in den Texten zusätzlich erwähnt. Sustainalytics hat außerdem auch zahlreiche internationale Unternehmen geratet, diese Ergebnisse sind aber nicht direkt zugänglich. Aber aufschlussreich ist zum Teil, wie ein deutsches Unternehmen im Vergleich zum internationalen Durchschnitt der eigenen Branche liegt. Es gibt Konzerne wie etwa Beiersdorf, die im Dax-Vergleich relativ weit hinten liegen, aber doch ein gutes Stück über den meisten weltweiten Konkurrenten; deren Angaben sind nicht im Detail veröffentlicht worden.

Zusätzlich zu diesen Ratings ist zu jedem Unternehmen noch die Wegreen-Ampel vermerkt (wegreen.de), abgerufen zur Jahresmitte 2012. Wegreen wendet sich vor allem an Konsumenten und will ihnen eine schnelle Einschätzung des ökologischen Profils eines Unternehmens (oder einer Marke oder eines Produkts) ermöglichen, und zwar in der Form einer Ampel: Die guten Unternehmen sind grün, die mittleren gelb, die schlechten rot dargestellt. In der Praxis finden sich sehr viele Gelb-Einstufungen. Es werden auch grün bewertete Alternativen zu gelben oder roten Unternehmen angegeben. Das führt allerdings nicht immer zu brauchbaren Ergebnissen. So wird zum Beispiel bei Autos meist der »Tesla« als grüne Alternative aufgeführt, ein rein elektrisch betriebener Sportwagen aus den USA – doch eher ein Nischenprodukt.

Diese Ampel wurde von der Hochschule für Wirtschaft und Recht in Berlin entwickelt. Dabei gibt Wegreen selbst aber gar keine Urteile ab, sondern fasst bereits vorhandene Bewertungen zusammen und verdichtet sie zu einer Ampelfarbe. Beispiel Adidas: Hier greift das Unternehmen zurück auf Wertungen von Rank a Brand (beruht auf der Auswertung der Nachhaltigkeitsberichte), Reprisk (prüft die Risiken der Geschäftsfelder nach externen Quellen), Global00.org (Rating von Großkonzernen nach Kennzahlen), EVB Fair Fashion (»Erklärung von Bern«, eine kritische Organisation), IÖW Future Ranking (Auswertung der Nachhaltigkeitsberichte), CSR-Check der Verbraucherinitiative (kritische Organisation), Companize Image Ranking (soziales Netzwerk, das das Image von Unternehmen bewertet), Brandoscope (eine Website, auf der wiederum andere Organisationen Bewertungen abgeben können) und eine Umfrage unter den Nutzern von Wegreen. Bei anderen Unternehmen kann es aber vorkommen, dass die Ampel nur auf einer einzigen derartigen Bewertung beruht, im Extremfall handelt es sich dann um eine reine Image-Einschätzung. Es empfiehlt sich also, im Einzelfall nachzuschauen, wie das Urteil von Wegreen zustande gekommen ist, statt einfach der Ampelfarbe zu vertrauen.

Die eigene Bewertung

Die eigene Bewertung in diesem Buch hat eine Skala von einem bis zu fünf Sternen. Diese Bewertung ist nicht mit dem zu vergleichen, was die Ratingagenturen leisten. Bei Ratings gibt es vorgegebene Kriterien, ein Punkteschema und im Idealfall ein ganzes Team, das zu einem Urteil kommt. So soll eine gewisse Objektivität der Bewertung erreicht werden, was nicht heißt, dass es nicht trotzdem zu Fehlurteilen kommen kann. Denn letztlich sind auch die Ratingagenturen weitgehend auf veröffentlichtes Material als Grundlage ihrer Urteile angewiesen.

Die Sterne-Bewertung in diesem Buch ist dagegen subjektiv, aber durchaus begründet und soll zur Diskussion anregen. Hier geht es vor allem darum, wirklich alle ethischen Probleme in den Blick zu nehmen. Daher gibt es keine vorgegebenen Kriterien, sondern es wird versucht, die jeweiligen Besonderheiten des Unternehmens zu beleuchten. Bei Siemens zum Beispiel hat in der Vergangenheit das Thema Korruption eine große Rolle gespielt, bei Apple sind es die Zustände bei den Zulieferern, bei Toyota ist es die Entwicklung der energiesparenden Hybridtechnik. In einigen Fällen stehen auch Probleme im Vordergrund, die bei klassischen Nachhaltigkeitsratings kaum eine Rolle spielen, etwa bei der Deutschen Bank das Geschäftsmodell als Investment Bank oder bei der Allianz die Struktur eines typischen Versicherungsvertriebs.

Auf eine Besonderheit ist noch hinzuweisen: Ratings verfolgen meist den »Best in Class«-Ansatz oder arbeiten jedenfalls in diese Richtung. Bei diesem Ansatz werden die Probleme der jeweiligen Branche, die alle Unternehmen betreffen, sozusagen neutralisiert. Wer innerhalb der Branche der Beste ist, bekommt eine gute Note, auch wenn die Branche insgesamt von großen ethischen Problemen gekennzeichnet ist. Dieser Ansatz ist durchaus sinnvoll, weil er die Bemühungen der einzelnen Konzerne, diese Probleme anzugehen, besonders berücksichtigt. Wird er konsequent durchgeführt, kommt man aber zu zweifelhaften Ergebnissen, weil dann zum Beispiel unterschlagen wird, dass sehr leistungsstarke Autos eine hohe, im Grunde meist überflüssige Umweltbelastung verursachen, während Pharmakonzerne viele ethische Probleme haben, aber vor allem auch vielen Menschen das Leben retten. In diesem Buch wird daher versucht, die Bewertung gerade nicht nach dem »Best in Class«-Ansatz vorzunehmen, sondern die ethischen Probleme der gesamten Branche jeweils mit zu berücksichtigen, um so auch zu der Diskussion beizutragen, welche Produkte wir überhaupt brauchen.

In einem Fall – bei Facebook – wurde auf die Bewertung verzichtet, weil dieses Unternehmen sehr neue ethische Fragen aufwirft, deren Beurteilung bewusst offengelassen wurde. Die Bewertung mit fünf Sternen bekommt nur ein einziges Unternehmen: Microsoft, und hier gibt ausnahmsweise nicht der Konzern selbst den Ausschlag, sondern die Gates-Stiftung, die sich zum großen Teil aus seinen Erträgen speist. Sie ist allein von der Größenordnung her so außergewöhnlich, dass diese Ausnahme gerechtfertigt ist. In den meisten anderen Fällen spielen Stiftungen und Sponsoring keine große Rolle bei der Bewertung, weil es um das eigentliche Geschäft gehen soll.

50 ethische Profile

Adidas

Asiatische Löhne, europäische Preise

Bewertung: **
Weitere Konzernmarken: Reebok, Taylor-Made
Umsatz: 13,4 Milliarden Euro (16,3 Mrd. Franken)
Gewinn: 671 Millionen Euro (815 Mill. Franken)
Beschäftigte: 46 824
Sitz: Herzogenaurach
Ratings: Oekom Research C+ und Prime Status, SAM Sector
Leader, Sustainalytics Dax-Ranking Platz 13,
Wegreen-Ampel gelb

Adidas hat Fans in aller Welt. Darunter auch Leute, bei denen
man nicht vermuten sollte, dass sie ein Faible für Markenkla-
motten aus kapitalistischen Ländern haben: Als sich Fidel Castro
vor Jahren auf dem Krankenlager ablichten ließ, trug er einen
Trainingsanzug mit deutlich sichtbarem Adidas-Emblem.

Das Geschäftsmodell von Adidas ist überaus erfolgreich:
Produziere in Asien zu asiatischen Löhnen und verkaufe weltweit – nach Möglichkeit auch in Asien – zu europäischen Preisen. Umso bitterer ist die Kritik von populären Organisationen
wie Greenpeace. Unter der Überschrift »Schmutzige Wäsche«
prangert Greenpeace 2011 zahlreiche internationale Konzerne an
und wirft ihnen vor, für die Verschmutzung chinesischer Gewäs-
ser verantwortlich zu sein. Rund 20 bis 30 Prozent dieser Verschmutzung gehe auf die Exportindustrie zurück. Greenpeace
nennt zwar Adidas zusammen mit Nike und Puma als drei Unternehmen, die wenigstens festlegen, wie viele der problematischen Stoffe maximal in ihren Endprodukten enthalten sein

dürfen. Was die Einleitung von Schadstoffen angehe, verlangten Konzerne von ihren Zulieferern aber nicht mehr als das gesetzlich Vorgeschriebene.

Interessant ist jedoch Folgendes: Greenpeace fordert die Konzerne auf, ihre Marktmacht zu nutzen und damit eine Verbesserung der Standards durchzusetzen: Es geht also nicht um Schmähkritik, sondern darum, die Verantwortung zu stärken.

Adidas gibt als Reaktion im November 2011 eine gemeinsame Erklärung mit C&A, H&M, Li Ning, Nike und Puma heraus. Darin verpflichten sich die Unternehmen, bis zum Jahr 2020 die Verwendung gefährlicher Chemikalien aus ihrer Produktion zu verbannen. Dazu werden die Stoffe identifiziert, die Zulieferer informiert, es soll ein Berichts- und Kontrollsystem eingerichtet werden. Es geht um elf Produktgruppen, darunter zum Beispiel brom- oder chlorhaltige Stoffe, die die Entflammbarkeit hemmen, aber auch Schwermetalle. Das Dokument benennt klar die Probleme der Konzerne, die vor allem von anderen Firmen fertigen lassen: Es gibt Tausende von direkten Zulieferern und Zehntausende von Firmen, die Material liefern. Offensichtlich weiß das Unternehmen daher gar nicht genau, welche Chemikalien jeweils verwendet werden.

Bemerkenswert ist zweierlei: Erstens, dass der Druck von außen etwas bewirkt, die Firmen nehmen selber ausdrücklich Bezug auf die Kritik von Greenpeace. Und zweitens die Zusammenarbeit unter großen Konkurrenten, die es ermöglicht, das Kostenproblem zu handhaben: Nur wenn sich alle an die Spielregeln halten, kann nicht einer die anderen beim Preis unterbieten.

Adidas zeigt besonders deutlich die Probleme der Globalisierung auf. Die Produktion zahlreicher Waren geschieht heute in Ländern mit weitaus geringeren Umwelt- und Sozialstandards als bei uns. Wir als Konsumenten profitieren davon – aber natürlich auch die Unternehmen und ihre Aktionäre. Auf der anderen Seite darf man aber auch nicht übersehen, dass viele Länder durch diese Lohnfertigung für Weltkonzerne überhaupt erst den Weg zu einer eigenen Industrialisierung und damit zu Wohlstand finden – das beste Beispiel dafür ist China.

Fast noch wichtiger als Umweltprobleme ist aus ethischer Perspektive der soziale Bereich. Adidas lehnt sich dabei wie viele Konkurrenten an UN-Standards an und verlangt deren Umsetzung von den Zulieferern; oft entsprechen diese Regeln auch den jeweiligen nationalen Gesetzen. Dazu gehört zum Beispiel: Arbeitswochen von maximal 60 Stunden und mindestens ein freier Tag pro Woche. Kinderarbeit ist verboten. Dabei gilt als Kind, wer unter 15 oder schulpflichtig ist, in einigen wenigen Ländern sind auch 14-Jährige zugelassen. Gewerkschaften sind zu erlauben, wobei es aber zum Beispiel in China keine wirklich freie Gewerkschaft gibt.

Es hat in den letzten Jahren aber immer wieder heftige Kritik an Adidas und anderen Konzernen gegeben, zum Beispiel durch das Südwind-Institut, die Organisation Oxfam und die Clean Clothes Campaign. In der Regel beziehen sich diese Vorwürfe darauf, dass noch nicht einmal die aus der Sicht reicher Länder ohnehin dürftigen Arbeitsstandards eingehalten werden. So kritisiert eine Südwind-Studie im Jahr 2010, dass bei zwei Adidas-Zulieferern die erlaubte Grenze der Wochenarbeitszeit erheblich überschritten werde – mit einem Spitzenwert von 92 Stunden. Außerdem moniert die Studie, dass die Arbeiter in China nur wenig mehr als den gesetzlichen Mindestlohn bekämen, der aber wegen der steigenden Lebenshaltungskosten nicht ausreiche. Adidas verspricht danach, diesen Vorwürfen nachzugehen. Im Jahr 2012 organisieren Gewerkschaften und Menschenrechtsorganisationen ein »Tribunal« für Mindestlöhne und bessere

Arbeitsbedingungen in Kambodscha. Während einige Konzerne darauf nicht reagieren und Hennes & Mauritz nach Angabe der Gewerkschaft Verdi auf dem eine schriftliche Stellungnahme einreicht, schicken Puma und Adidas immerhin Vertreter dorthin, die aber wenig konkrete Zusagen machen. Dabei liegt der Anteil der Löhne an den Kosten für Bekleidung laut Verdi häufig unter drei Prozent.

Insgesamt berichtet der Konzern selbst sehr umfangreich über alle Problembereiche. Es gibt eine genaue Beschreibung des konzernweiten Systems, mit dem Adidas die Einhaltung seiner Richtlinien sicherstellen will. Adidas räumt ein, dass 2010 noch 80 Prozent der Zulieferer in Indien die Anforderungen verfehlten, beansprucht aber, dies durch intensive Betreuung auf 20 Prozent gesenkt zu haben. Im Vorfeld der Olympischen Spiele 2012 in London gibt der Konzern eine Liste der Unternehmen bekannt, die Produkte für dieses Sportereignis liefern. Glaubhafter wäre freilich, alle Zulieferer zu nennen, auch die für die alltäglichen Produkte.

Das Bemühen, Missstände abzustellen, wirkt glaubhaft. Deutlich wird aber auch durch immer wieder neue Kritik, dass bei diesem Geschäftsmodell ethische Probleme immer nur in Grenzen gelöst werden können. Wenn die Bewertung nur bei zwei Sternen liegt, sollen damit die Anstrengungen des Konzerns, der beim Nachhaltigkeitsrating von SAM immerhin als »Sector Leader« eingestuft wird, nicht herabgewürdigt werden.

Aldi

Schweigen ist kein Gold

Bewertung: *
Umsatz: ca. 52,8 Milliarden Euro (64,3 Mrd. Franken)
Sitz: Essen (Aldi Nord) und Mülheim/Ruhr (Aldi Süd)
Rating: Wegreen-Ampel rot

Wen gehen unsere Geschäftszahlen etwas an? Nach dieser Devise lebt die Familie Albrecht, der die beiden Aldi-Gruppen Nord und Süd gehören. Der oben angegebene Umsatz von 52,8 Milliarden Euro bezieht sich auf beide Gruppen und das Jahr 2011. Er wurde als Schätzung von der »Lebensmittel-Zeitung« veröffentlicht, die Aldi damit als größten Discounter weltweit einstuft. Aldi Süd nennt auf seiner Firmenseite für Deutschland eine Mitarbeiterzahl von 31 700.

Anders als fast alle anderen großen Konzerne gab es bei Aldi lange Zeit auch keine klaren, gebündelten Aussagen zu den Themen Verantwortung, Nachhaltigkeit, oder wie immer man sie sonst nennen möchte. Aldi Süd hat dann nachgezogen und berichtet jetzt auch über Verantwortung, aber nur sehr allgemein, ohne ins Detail zu gehen. Der Aldi-Kunde wird überschüttet mit Werbung, aber wer wissen möchte, unter welchen Bedingungen die Waren produziert werden, findet kaum Hinweise. Allein schon deswegen erreicht die Bewertung nur einen Stern.

Besonders schlecht kommt die Gruppe bei einer Studie der Clean Clothes Campaign weg, über die im Januar 2012 berichtet wird. Befragt wurden 162 Arbeitnehmer in zehn Zulieferbetrieben für Aldi, Lidl und Kik, vor allem in den Ländern Bangladesch, China und Indien. Es ging um Textilien, insofern ist Kik relativ in höherem Ausmaß betroffen als die beiden anderen Gruppen, deren Schwerpunkt des gesamten Geschäfts auf dem Lebensmitteleinzelhandel liegt. Sehr drastisch ist aber die Aussage über einen Aldi-Zulieferer (der wäre der elfte Betrieb gewesen): Dort sei den beschäftigten Frauen so massiv mit Kündigung, Gewalt und sogar Gefängnis gedroht worden, dass man die Befragung abbrechen musste. In demselben Zusammenhang heißt es auch, Lidl und Kik hätten auf frühere Vorwürfe wegen schlechter Arbeitsbedingungen wenigstens mit – wenn auch unzureichenden – Schulungen reagiert. Aldi hingegen habe gar nichts unternommen.

Im Jahr 2010 veröffentlicht das Südwind-Institut eine Studie über die Zulieferer der Textilindustrie. »Am schlechtesten sind die Bedingungen bei Aldi-Zulieferern«, zitiert die »Süddeutsche Zeitung« im August 2010 Ingeborg Wick, die Autorin der Studie. Sie verweist auf eine Überzeit von bis zu 130 Stunden im Monat bei einem Betrieb in China, die meist noch nicht einmal bezahlt würde.

Damals bestätigt Aldi in einem Schreiben an Südwind, dass die kritisierten Arbeitsbedingungen und niedrigen Löhne vielfach »Realität« seien. Der Konzern verspricht, sich für Verbesserungen einzusetzen, dämpft aber zugleich die Erwartungen auf schnellen Erfolg.

Positiv ist anzumerken, dass Aldi auch »fair« gehandelte Waren im Sortiment hat. Außerdem gibt es wenigstens bei einzelnen Produkten nähere Angaben über die Herkunft. Relativ ausführlich sind die Informationen über Fisch. Nach und nach will der Konzern seine Bezugsquellen auf nachhaltige Aquakultur umstellen, also auf Fischfarmen, die die Umwelt nicht zu stark belasten. Für den Fang von wildem Fisch macht er Vorgaben zu den Methoden; so sollen etwa die Maschengrößen so gewählt werden, dass nicht zu viel »Beifang« anfällt, also nicht verwertbare Meerestiere mit getötet werden. Aldi spricht davon, dass zum Teil die Herkunft des Fischs von unabhängigen Instituten durch DNA-Proben getestet werden soll.

Bei Aldi Süd finden sich zudem Angaben zu umweltfreundlichen Produkten im Sortiment, erwähnt werden zum Beispiel Hygienepapier aus Recyclingmaterial und Waschmittel im Nachfüllpack. Der Bezug von Papier wurde auf zertifizierte Quellen umgestellt, was den Raubbau von Wäldern verhindern soll.

Obwohl die Bezahlung bei Aldi in der Regel als recht gut gilt, gibt es immer wieder Ärger mit den Gewerkschaften, die zum Beispiel beklagen, die Einrichtung von Betriebsräten werde behindert. 2008 kommt ein Streit um eine Betriebsräte-Organisation hinzu, die aus Sicht der Gewerkschaft Verdi unter dem Einfluss der Geschäftsleitung stand und von dieser auch finanzielle Zuwendungen bekam. Nach einem Bericht der »Süddeutschen Zeitung« vom August 2008 argumentiert ein Aldi-Manager damals sogar unter Berufung auf ein Rechtsgutachten, die Bestechung von Betriebsräten sei keine Straftat. Sieht man von der komplizierten Rechtslage ab, so ist der Versuch einer Geschäftsleitung, sich sozusagen »eigene« Betriebsräte heranzuziehen, aus ethischer Sicht abzulehnen, weil damit letztlich die Beschäftigten hintergangen werden, die ja davon ausgehen müssen, dass die Betriebsräte zu 100 Prozent auf ihrer Seite stehen.

Im März 2012 gibt es einen peinlichen Skandal bei Aldi Süd, bei dem laut »Spiegel« mehrere Filialleiter Kundinnen heimlich gefilmt haben sollen – vorzugsweise solche mit kurzen Röcken. Eine große Titelgeschichte des »Spiegels« von Ende April 2012 bestätigt den Eindruck: Die Bezahlung ist gut, aber die Kontrolle der Mitarbeiter ist sehr penibel und zumindest in Einzelfällen nicht mehr angemessen. Eine Sendung des Westdeutschen Rundfunks vom August 2011 kommt zu dem Urteil, Preise und Qualität seien bei Aldi in Ordnung. Die Arbeitsbelastung ist demnach hoch, die Bezahlung aber anständig. Auch in dieser Sendung heißt es aber, die Bildung von Betriebsräten werde behindert. Aldi Süd hält dagegen, die Leute seien zufrieden und wollten daher gar keine Betriebsräte bilden.

Rein geschäftlich, darf man vielleicht noch anfügen, verfügt Aldi über ein bemerkenswertes Konzept. Das Unternehmen verkauft fast nur Ware unter eigenen Marken, hält das Sortiment überschaubar und schafft es so, einen möglichst schnellen Umschlag der Ware zu erzielen. Wenn die Ware schnell umgesetzt wird, senkt das aber die Kapitalkosten – es muss weniger für die Lagerhaltung kalkuliert werden. Zusammen mit bekannt harten, aber berechenbaren Konditionen für die Lieferanten hat der Discounter eine Art Quadratur des Kreises geschafft: Er gilt zugleich als billig und doch als Lieferant von Qualität. Für die Käufer entsteht dadurch durchaus ein beachtlicher Nutzen. Die Lieferanten leiden allerdings unter dem enormen Preisdruck. So senkt Aldi Süd im Mai 2012 für zahlreiche Milchprodukte die Preise um rund zehn Prozent – und einige Konkurrenten ziehen nach. Die Landwirte sind gegenüber dieser geballten Nachfragemacht ziemlich hilflos.

Allianz

Die starken Regenmacher

Bewertung: ***
Weitere Konzernmarken: Pimco
Umsatz: 103,6 Milliarden Euro (126,1 Mrd. Franken)
Gewinn: 2,8 Milliarden Euro (3,4 Mrd. Franken)
Beschäftigte: 141 938
Ratings: Oekom Research B- und Prime Status, SAM Gold,
Sustainalytics Dax-Ranking Platz 17, Wegreen-Ampel gelb

Es gibt kaum eine Branche, die so wichtig ist und zugleich so viel Konfliktstoff zwischen Kunden und Unternehmen birgt wie die Versicherer. Grundsätzlich ist das Geschäftsmodell positiv zu bewerten: Risiken abzusichern erhöht die Lebensqualität, kann Schicksalsschläge verhindern oder wenigstens abmildern. Und Altersvorsorge gehört zu den wichtigsten Bereichen der persönlichen Lebensplanung. Auf der anderen Seite verdienen Versicherer gerade daran, die Erwartungen ihrer Kunden zu enttäuschen. Sie verfügen über ein ausgeklügeltes System, um »unberechtigte« Forderungen, die möglicherweise aus Kundensicht sehr wohl berechtigt sind, abzuwehren. Ein drastisches Beispiel schildert der Bestseller »Die Regenmacher« von John Grisham, der 1997 mit Matt Damon in der Hauptrolle verfilmt wurde. Umgekehrt gilt aber auch: Keine Branche ist jederzeit so sehr in Gefahr, von ihren Kunden übers Ohr gehauen zu werden – ein vergleichbarer feststehender Begriff wie »Versicherungsbetrug« existiert für andere Branchen nicht.

Ein weiteres Problem ist, dass die meisten Produkte für die Kunden kaum verständlich sind. Bei einer Kfz-Versicherung ist es noch leicht, Prämien und Leistungen zu vergleichen – deswegen bringt diese Sparte den Konzernen meist relativ wenig Gewinn. Aber bei einer Lebensversicherung zum Beispiel ist es für Laien praktisch unmöglich zu beurteilen, wie realistisch die Beispielrechnungen der Anbieter sind. Und in der privaten Krankenversicherung hat kein Kunde eine Chance vorauszusehen, wie stark sein – anfangs meist recht günstiger – Beitrag sich im Laufe der Jahre noch entwickeln wird. Sehr häufig ist für Kunden auch schwer einzuschätzen, welche Versicherung sie überhaupt benötigen.

Vor rund 30 Jahren prägte der Bund der Versicherten (BdV) ein bemerkenswertes Schlagwort: Er bezeichnet die Kapitallebensversicherung als »legalen Betrug«. Im nachfolgenden Rechtsstreit gelingt es der Versicherungsbranche nicht, der Versicherten-Lobby diese Bezeichnung verbieten zu lassen. Im Jahr 2012 kritisiert der BdV besonders die Riester-Verträge (eine staatlich geförderte Form der Altersvorsorge in Deutschland) der Allianz: Sie seien so berechnet, dass gerade Kleinsparer benachteiligt würden. Die Allianz verteidigt die Berechnung als »sachgerecht«.

Weil die Branche so kompliziert ist, schafft sie es auch immer wieder, ihre eigenen Interessen politisch durchzusetzen: Wo niemand durchblickt, fragt man den »Experten«, und der kommt im Zweifel aus der Branche.

In den letzten Jahren lässt die Effektivität dieses Lobbyings etwas nach. Die früher üppigen Steuervorteile für Lebensversicherungen gibt es nicht mehr. Dafür schafft die Branche es aber, sich den Löwenanteil der Riester-Rente als Geschäft mit Privatkunden zu sichern und dadurch ihre Vertriebsorganisationen mit Produkten und entsprechenden Provisionen auszurüsten.

Und damit kommen wir zum Kernproblem der Branche: dem Vertrieb. Er erzeugt letztlich eine Perversion des Marktes. Während normalerweise die günstigsten Angebote am stärksten nachgefragt werden, besteht bei Versicherungen stets die Gefahr, dass es umgekehrt läuft: Die Vertreter verkaufen in erster Linie die Produkte, die ihnen am meisten Provision bringen, und das sind die teuersten.

Abhilfe könnte nur eine radikale Neuordnung des Vertriebs in der Branche schaffen, die entweder das Provisionssystem ganz verbietet und nur eine genormt abgerechnete neutrale Honorarberatung erlaubt, ähnlich wie beim Steuerberater oder Rechtsanwalt. Oder aber die Kunden müssten so deutlich und unmissverständlich über die Provisionen aufgeklärt werden, die von ihren Beiträgen abgezogen werden, dass ein echter, vom Kunden gesteuerter Markt entsteht. Das erste Modell ist nicht in Sicht, bei der Transparenz der Provisionen gibt es wenigstens etwas Fortschritt.

Wie steht nun die Allianz innerhalb dieser Branche da? Niemand behauptet, dass die Allianz im Vergleich zur Konkurrenz besonders schlechte Produkte anbietet oder besonders schlecht berät – im Gegenteil. Probleme bekam allerdings die US-Tochtergesellschaft Allianz Life: Sie wurde, wie einige andere Konkurrenten auch, mit spektakulären Prozessen von Kunden überzogen, die sich falsch beraten fühlten. Im Jahr 2009 gibt dann ein Gerichtsurteil theoretisch den Kunden, praktisch aber Allianz Life recht: Die Richter finden die Vertriebsmethode nicht in Ordnung. Weil die Kunden alternativ ihr Geld wahrscheinlich am Aktienmarkt angelegt und dort sehr viel schlechtere Ergebnisse erzielt hätten, sei ihnen aber kein Schaden entstanden – so lautet verkürzt die Begründung dafür, dass die Kunden doch leer ausgehen.

Die Allianz ist mit Abstand führend in Deutschland. Man darf ihr so eine besondere Verantwortung für die gewachsenen und alles andere als optimalen Vertriebsstrukturen der Branche zusprechen. Tatsache ist aber leider: Bei der Allianz haben die »Regenmacher«, die vertriebsstarken Vertreter, auch intern einen nicht zu unterschätzenden Einfluss, gegen ihre Interessen wird das Unternehmen daher kaum Politik machen.

Ergänzend sei erwähnt, dass die Allianz 2012 hart von Oxfam kritisiert wird, weil sie 2011 mehr als sechs Milliarden Euro – und damit mehr als die Deutsche Bank – in Agrarrohstoffe investiert hat. Diese Anlagen werden von Kritikern dafür verantwortlich gemacht, dass immer wieder Nahrungsmittel für viele Menschen in Schwellenländern nahezu unerschwinglich werden – so geschehen 2008 und dann wieder 2011. Das »Handelsblatt« veröffentlicht im Februar 2012 einen Bericht, nach dem auch wissenschaftliche Arbeiten, zum Beispiel eine von Ökonomen der Uni Münster (Adämmer, Bohl, Stephan), den Zusammenhang von Finanzinvestitionen in Rohstoffe und Preissteigerungen ausdrücklich bestätigen. Auf der anderen Seite weist die Nachhaltigkeits-Agentur SAM im Mai 2012 darauf hin, man solle langfristige Investitionen in Agrarrohstoffe nicht verteufeln, weil diese Branche Kapital brauche, um die Weltbevölkerung zu ernähren; SAM hat dazu, sollte man ergänzen, selbst eine Investmentstrategie entwickelt.

Wägt man die Vertriebsprobleme der gesamten Branche und den soliden Ruf der Allianz als Unternehmen gegeneinander ab, so sind drei Sterne angemessen.

Amazon

Die Abschaffung des Buchs

Bewertung: **
Weitere Konzernmarken: Kindle
Umsatz: 48,1 Milliarden Dollar (37,1 Mrd. Euro, 45,2 Mrd. Franken)
Gewinn: 631 Millionen Dollar (487 Mill. Euro, 593 Mill. Franken)
Beschäftigte: ca. 56 200 (z. T. in Teilzeit)
Sitz: Seattle
Rating: Oekom Research D+, Wegreen-Ampel gelb

Vergleichen wir zwei Modelle. Im ersten Fall werden Bücher von Verlagen zu regionalen Großhändlern, von dort zu Buchläden und vom Laden nach Hause transportiert. Das ist das traditionelle Modell. Im zweiten Fall werden Bücher vom Verlag zum Versandlager geschickt und von dort als kleines Päckchen nach Hause. Das ist das Amazon-Modell. Natürlich gab es den Versandbuchhandel auch schon vorher, und man kann sich Bücher heute bei allen möglichen Händlern übers Internet bestellen. Aber Amazon ist nun einmal der größte unter ihnen. Und Amazon versendet inzwischen noch eine ganze Menge anderer Waren, längst nicht nur Bücher. Zum Beispiel Uhren oder Kameras.

Man erkennt leicht, dass der logistische Aufwand beim Versand im Zweifel höher ist. Jedes Buch muss verpackt und bis zur Haustür gebracht werden. Wer Bücher im Laden erwirbt, erledigt das hingegen häufig zusammen mit anderen Geschäften. Je mehr nicht nur an Büchern, sondern auch an Kleidung, technischen Geräten oder an Essen individuell nach Haus bestellt wird, desto mehr kleinteiliger Verkehr wird erzeugt.

Man darf also bezweifeln, ob die individuelle Bequemlichkeit beim Einkauf auch gesellschaftlich ein Fortschritt ist. Amazon hat selbst dazu 2009 eine Studie veröffentlicht –mit unklarem Ergebnis: Ob der klassische Einkauf oder der Versand bei der Ökobilanz vorne liegt, richtet sich danach, ob beim Einkauf das Auto benutzt wird, wie viel gekauft wird und ob auf der anderen Seite Päckchen tatsächlich beim ersten Mal zugestellt werden können. Ein großer Schaden entsteht aber nebenbei: Die traditionellen Buchläden haben es immer schwerer. Denn alles, was übers Internet läuft, fehlt ihnen an Geschäft. Damit geht auch ein Stück Kultur verloren: Buchhändler alten Stils, die tatsächlich noch viele Bücher lesen und ihre Kunden beraten können, wird es künftig immer weniger geben.

Aber die Entwicklung geht noch weiter: Nicht nur der Buchhändler, auch das Buch selbst steht auf dem Spiel. In Amerika ist dem E-Book, das elektronisch auf den Reader heruntergeladen wird, schon der Durchbruch gelungen. Und in Europa ist er zum Greifen nahe, seit Amazon seinen eigenen Reader, den Kindle, hier anbietet und aggressiv vermarktet. Es gab zwar vorher auch schon derartige Reader. Aber bei Amazon kommt alles zusammen: das große Angebot, die Technik und die Kunden, die sich schon vom traditionellen Bucheinkauf gelöst haben.

E-Books haben ihren Reiz. Sie nehmen keinen Platz im Regal weg. Man kann sie leicht überallhin mitnehmen, und sie sind leicht zu beschaffen. Anders als bei kürzeren Texten, Videos und Musikstücken hat bei elektronischen Büchern das Kopieren oder Gratis-Herunterladen auch noch nicht so um sich gegriffen. Anders gesagt: Bücher bleiben wahrscheinlich auch in elektronischer Form ein funktionierendes Geschäftsmodell. Das ist wichtig, weil nur so garantiert ist, dass auch künftig Bücher geschrieben werden.

Auf der anderen Seite muss man aber auch sagen: Es gibt Bücher in der heutigen, gedruckten Form seit rund einem halben Jahrtausend, etwa so lange existieren auch die ältesten Verlage (wie zum Beispiel derjenige, in dem dieses Buch erschienen ist). Doch der Blick zurück hilft nicht weiter. Dass Bücher irgendwann elektronisch verkauft, verschickt und auch gelesen werden, liegt so sehr in der Logik der Technik, dass man nicht ernsthaft ein Unternehmen dafür verantwortlich machen kann, diesen Trend früh erkannt zu haben. Hinzu kommt: Wahrscheinlich werden gedruckte Bücher niemals ganz verschwinden. Schwierig dürfte es vor allem für billig gemachte Taschenbücher oder Paperbacks werden. Gut gebundene Bücher haben dagegen wie bisher ihren eigenständigen Markt, auf dem nicht nur der Inhalt, sondern auch die Form bezahlt wird. Vielleicht wird es künftig nur noch wenige Buchläden geben, die sich dann aber auf bestimmte Bereiche spezialisieren, etwa Kunst- oder Kinderbücher.

Man muss aber auch sagen: Wissenschaftliche Bibliotheken, die Aufsätze digital anbieten, sind sehr viel effizienter, als traditionelle Einrichtungen es je waren. Das zeigt: Die Bücherwelt wird durch den Einsatz der Elektronik in vieler Hinsicht auch attraktiver.

Die Kulturrevolution, deren Protagonist Amazon heißt, hat also zwei Seiten. Dazu gehört auch: Bei E-Books entfällt die gesamte Logistik mit ihrer Umweltbelastung. Wenn man sich vor Augen hält, dass Amazon neben vielem anderen längst auch Software anbietet – und zwar auch für Unternehmen –, dann wird klar, dass der Versandhändler auf dem besten Weg dazu ist, von einem Päckchen-Konzern zu einem Elektronik-Konzern zu werden.

In Deutschland gab es in den vergangenen Jahren ein paar Vorwürfe gegen Amazon. Im Dezember 2011 kritisiert die Gewerkschaft Verdi, Saisonkräfte im Logistikzentrum von Amazon in Graben hätten ihre Löhne nicht ordentlich ausgezahlt bekommen. Eine Sprecherin des Konzerns räumt Probleme in Einzelfällen ein, führt dies aber auf Versehen oder technische Pannen zurück. Einen Monat vorher wird sogar von Politikern behauptet, Amazon stelle Saisonkräfte, die von der Arbeitsagentur vermittelt wurden, nicht korrekt ein. Dies dementiert aber die Arbeitsagentur selbst kurz darauf.

Wichtig aber: Im Jahr 2009 gerät Amazon in die Kritik, weil das Unternehmen nicht bereit ist, auf den Vertrieb von rechtsradikalem Schriftgut zu verzichten. Als ein Beispiel für Nazischriftgut wird »Rudolf Hess – Märtyrer für den Frieden« von Edgar W. Geiß erwähnt. Im Jahr 2012 ist dieses Buch bei Amazon immer noch zu haben. Das »Handelsblatt« zitierte in diesem Zusammenhang im Juni 2009 den Maler Max Liebermann, der das Aufkommen der Nazis in den 30er-Jahren so kommentiert hat: »Ich kann gar nicht so viel essen, wie ich kotzen möchte.«

Die Frage, welche Bücher ein Händler verkauft, ist heikel. Es kann nicht Aufgabe eines Unternehmens sein, Zensur auszuüben. Aber der anderen Seite dürfte bei eindeutig rechtsradikalen Inhalten die rote Linie überschritten sein. Amazon aber scheint es wichtiger zu sein, noch ein paar Euro mehr Umsatz zu machen. Nimmt man diesen letzten Punkt hinzu, so dürften zwei Sterne als Bewertung ausreichend sein.

Apple

Lächelnde Chinesen

Bewertung: ***

Umsatz: 108,2 Milliarden Dollar (80,1 Mrd. Euro, 98,0 Mrd.
Franken)

Gewinn: 25,9 Milliarden Dollar (19,2 Mrd. Euro, 23,5 Mrd.
Franken)

Beschäftigte: 63 300

Sitz: Cupertino

Rating: Oekom Research C+ und Prime Leader,
Wegreen-Ampel gelb

Forrest Gump macht einen großen Gewinn mit Aktien. »Irgend
so ein Obstkonzern«, erzählt er, und der Zuschauer sieht für einen Moment das Apple-Logo über den Bildschirm huschen.
»Forrest Gump«, genial gespielt von Tom Hanks, kam 1994 in
die Kinos. Seit damals hat das Unternehmen eine wechselvolle
Geschichte durchlebt – aber vor allem noch deutlich zugelegt.
Als der Gründer Steve Jobs im Jahr 2011 stirbt, ist es die erfolg-
reichste und zeitweise sogar die wertvollste Firma der Welt.
Nicht nur das: Jobs und seine Leute haben ganze Geschäftsfelder
neu definiert: aus Unterhaltungselektronik eine design-gesteu-
erte Branche gemacht, aus Musik ein Internet-Geschäft, Zeit-
schriften als Bezahl-Angebote auf Handys und Rechnern neu
erfunden. Kaum ein Firmengründer genießt eine vergleichbare
Verehrung wie Jobs, der ja auch als »iGod« bezeichnet wurde.
Aber wie steht es mit den ethischen Standards?

Wer sich die Nachhaltigkeitsberichte von Apple anschaut,
findet beim Thema Mitarbeiter vor allem Fotos von glücklich
lächelnden Chinesen. Kein Wunder: Auch dieser Konzern pro-

duziert vor allem in China, zählt inzwischen allerdings China auch zu seinen wichtigsten Märkten. Unter ethischen Gesichtspunkten sind hier vor allem die Aussagen zur Verantwortung der Zulieferer interessant. Hier setzt der Konzern klare Regeln, die aber nicht mehr als internationalem Mindeststandard entsprechen. Im Mai 2012 halten laut Apple bei 95 Prozent der Beschäftigten die Zulieferer die maximale Arbeitszeit von 60 Stunden pro Woche ein.

Erfreulich ist, dass Apple recht offen und verständlich auch über Probleme berichtet. Etwa über »Zwangsarbeit« (Involuntary Work): So bezeichnet Apple den Fall, dass Vermittler Arbeitskräften überhöhte Provisionen abknöpfen und sie damit de facto über eine weite Strecke für ihren eigenen Geldbeutel arbeiten lassen. Apple verpflichtet Zulieferer daher, alle Kosten zu übernehmen, die solche Vermittler in Rechnung stellen, soweit sie über einen monatlichen Nettolohn hinausgehen. Es geht hier vor allem um Menschen, die aus den Philippinen, Thailand, Indonesien und Vietnam kommen und nach China vermittelt werden.

Apple informiert genau, wie viele Schulungen und Kontrollen bei Zulieferern durchgeführt werden und mit welchem Ergebnis. Zum Beispiel finden sich im Jahr 2010 zehn Unternehmen in China, die insgesamt 81 Mitarbeiter beschäftigten, die jünger als 16 sind, was das gesetzliche Mindestalter ist. Allein 42 dieser Fälle passieren in einer einzigen Firma – mit dieser stellt Apple das Geschäft ein. Es gibt noch weitere Fälle für die Rote Karte: Zwei Betriebe versuchen bei den Kontrollen, falsche Ergebnisse zu präsentieren. Im Jahr 2011 finden die Kontrolleure nur noch sechs Fälle von andauernder Kinderarbeit.

Am Schluss des 2011er-Berichts widmet sich Apple einem besonders heiklen Themen: den Selbstmorden bei Foxconn.

Diese Firma wurde in Taiwan gegründet, unterhält aber zahlreiche Fabriken auf dem chinesischen Festland. Sie ist mit mehr als einer Million Mitarbeitern einer der größten privaten Arbeitgeber weltweit. Dieses riesige Heer von Leuten schraubt nicht nur iPods zusammen, sondern arbeitet auch im Auftrag anderer großer Elektronikfirmen wie zum Beispiel Intel, Dell oder HP, auch Spielkonsolen werden dort produziert.

Foxconn veröffentlicht, ähnlich wie Apple, ausführliche »CSR-Berichte«, in denen sich der Konzern als ethisch guten Arbeitgeber präsentiert. Dagegen stehen aber Presseberichte, wie etwa aus dem Mai 2011 in »Spiegel-Online«, die von großem Stress, eintöniger Arbeit und vor allem Überstunden weit über dem gesetzlichen Limit berichten. Laut diesem Artikel gibt Foxconn diese Überschreitungen zu und führt als Grund den Mangel an Arbeitskräften an.

Die harten Arbeitsbedingungen haben auch zu den seither berüchtigten Selbstmorden geführt. Apples Top-Manager Tim Cook (inzwischen der Nachfolger von Steve Jobs) besucht daraufhin im Sommer 2010 die Fabrik, es gibt eine Untersuchungskommission, die eine bessere psychologische und medizinische Betreuung empfiehlt – aber auch Netze, die am Gebäude aufgespannt werden, um Arbeiter am Sprung in den Tod zu hindern.

Das »Handelsblatt« berichtet im Dezember 2011 ausführlich über die Zustände bei Foxconn. Danach ist die Disziplin dort sehr rigide, die Gehälter sind aber zum Teil schon gestiegen. Vor allem junge Männer vom Land äußern sich durchaus zufrieden über ihre Jobs. Foxconn selber betont im Übrigen, die Selbstmordrate in den eigenen Fabriken liege unter dem Durchschnitt des Landes.

Im Juni 2012 kritisiert laut »Handelsblatt« die Organisation Sacom in Hongkong nach 170 Gesprächen mit Mitarbeitern

Foxconn wiederum hart und wirft dem Konzern vor, sich nicht an chinesisches Arbeitsrecht zu halten und die Mitarbeiter mit rüden Methoden einzuschüchtern. Die Organisation China Labor Watch weist zudem darauf hin, bei einigen Zulieferern von Apple würden Leiharbeiter zu deutlich schlechteren Bedingungen als die Stammbelegschaft beschäftigt.

Insgesamt zeigt sich hier ähnlich wie zum Beispiel bei Adidas: Der Konzern bemüht sich um eine Verbesserung, aber es gibt trotzdem immer wieder Berichte über Probleme. Ein entscheidender Punkt ist aber, dass Cook Anfang 2012 eine Liste aller Zulieferer veröffentlichen lässt. Damit lässt sich die Bewertung mit drei Sternen rechtfertigen. Denn wenn bekannt ist, wer für wen produziert, können Nicht-Regierungs-Organisationen (und vielleicht auch Regierungen) gezieltere Nachforschungen anstellen und sehr viel genauer Auftraggeber zur Verantwortung ziehen.

Das zweite große Thema ist die Umwelt. Apple berechnet für sich einen ökologischen »Fußabdruck«. Dabei zeigt sich: Die größten Belastungen liefern mit 46 Prozent die Produktion und mit 45 Prozent der Gebrauch. Nicht zu unterschätzen ist der Stromverbrauch. Apple ist nur einer von vielen Anbietern, die ausreichend zahlungskräftige Konsumenten in aller Welt in permanent Energie verzehrende Wesen verwandelt haben. Vorläufer war zum Beispiel Sony mit dem legendären Walkman, außerdem zählen alle Hersteller von Handys und Kleincomputern dazu. Aber Apple treibt durch seinen großen Erfolg den Trend voran, dass immer mehr Elektronik der große Energieverbraucher der Menschheit wird.

Bayer

Viel Feind, viel Ehr

Bewertung: **
Bekannte Produktmarken: Alka-Seltzer, Aspirin, Bepanthen,
Canesten, Yasmin
Umsatz: 36,5 Mrd. Euro (44,4 Mrd. Franken)
Gewinn: 2,5 Mrd. Euro (3,0 Mrd. Franken)
Beschäftigte: 111 800
Sitz: Leverkusen
Rating: Oekom Research C+, SAM Gold, Sustainalytics Dax-
Ranking Platz 16, Wegreen-Ampel gelb

Es gibt kaum ein Medikament, das so bekannt ist wie Aspirin.
Obwohl längst Nachahmerpräparate auf dem Markt sind, spielt
das Original immer noch eine große Rolle. Die Marke gibt es
schon seit 1899. Und es gibt kaum ein Medikament, das die
Gesellschaft so verändert hat wie »die Pille«. Sie wurde von Schering unter dem Namen Yasmin auf den Markt gebracht. Seit der
Fusion von Bayer und Schering im Jahr 2006 haben die Lever-
kusener auch diese Erbschaft angetreten.

Der Konzern ist in gewisser Weise eine Ausnahme, weil er
immer noch relativ viele verschiedene Bereiche hat. Einmal natürlich die Medizin, dann aber auch Pflanzenschutz und »Material Science«, was man vereinfacht als Kunststoffherstellung bezeichnen könnte.

Würde man den Konzern an der Hartnäckigkeit seiner
Gegner messen, so gehörte er zu den ganz Großen. Die »Coordination gegen Bayer-Gefahren« (CBG; cbgnetwork.org) legt
sich seit mehr als 30 Jahren mit dem Konzern an. Die CBG ist

im Internet auf Deutsch, Englisch, Französisch und Spanisch präsent.

Ein Thema ist Kinderarbeit in Indien, die zumindest in der Vergangenheit offenbar auch bei Bayer-Zulieferern ein Problem war. Die CBG räumt ein, dass sich hier sehr viel verbessert hat, führt dies aber allein auf den Druck der Öffentlichkeit und die Arbeit indischer Organisationen zurück. Der Konzern gibt an, eine Berufsschule in Hyderabad zu unterstützen, in der ehemalige Kinderarbeiter für die Landwirtschaft ausgebildet werden.

Nach Angaben der »Times of India« (zitiert nach dem Berliner »Tagesspiegel«) von 2011 sollen zudem in Indien in vier Jahren 138 Probanden bei medizinischen Versuchen gestorben sein, davon sei bei 22 der direkte Zusammenhang mit Nebenwirkungen der getesteten Medizin nachgewiesen. Bayer weist darauf hin, die Standards für solche Tests seien überall gleich und es gebe auch keine Tendenz, sie bevorzugt in billigen Schwellenländern durchzuführen.

Beim Index 2010 der niederländischen Organisation Access to Medicine landet Bayer auf Platz 14 und ist damit gegenüber 2008 um fünf Plätze abgerutscht. Dieser Index versucht zu messen, wie gut ein Konzern seine Medizin auch in armen Ländern verfügbar macht. Bayer finanziert dort unter anderem Programme zur Bekämpfung der Schlafkrankheit. Außerdem engagiert sich Schering schon seit 1961 in der Verbreitung von Verhütungsmitteln, das Unternehmen hat seit damals mehr als 2,6 Milliarden Zykluspackungen über Familienplanungsorganisationen in Schwellenländern verteilt. Die Angaben im Bayer-Bericht über derartige Projekte sind aber zum Teil ungenau. Rund 2,3 Millionen Dollar will der Konzern jährlich für die Weiterbildung von Ärzten in China ausgeben.

2012 gerät Bayer wieder in die Schlagzeilen, weil ein Gericht in Indien den Konzern zwingt, einem einheimischen Hersteller eine Lizenz für das Krebsmittel Nexavar zu geben. Bayer-Chef Marijn Dekkers entgegnet, die Entwicklung des Medikaments habe über eine Milliarde Euro gekostet. Bisher seien Zwangslizenzen nur in Indien möglich – damit könne Bayer auch leben. Er fürchte aber, dass andere Schwellenländer dem Beispiel folgten. Damit ist ein Problem angesprochen, dass auch andere Pharmakonzerne trifft: Sie wollen ihre Entwicklungen durch Patente schützen, verweigern aber die Medizin dadurch Patienten in armen Ländern.

Gerade weil Bayer nicht nur in einem, sondern in mehreren Geschäftsfeldern tätig ist, zieht der Konzern besonders viel Aufmerksamkeit auf sich. So gibt es auch Kritik an der Herstellung von Tier-Antibiotika, die in der Massentierhaltung eingesetzt werden. Außerdem verurteilt im Jahr 2011 das »Permanente Tribunal der Völker« eine Reihe von Pestizidherstellern, darunter auch Bayer. Der Hintergrund ist, dass nach Angaben der Weltbank weltweit pro Jahr rund 350 000 Menschen an Pestizidvergiftungen sterben. Bayer selbst beschließt, 2012 ein Insektizid vom US-Markt zurückzuziehen, weil die Umweltbehörden es dort neu bewertet haben. In den USA gibt es auch Ärger, weil dort beinahe Reis in den Handel gekommen wäre, der mit Spuren von gentechnisch veränderten Sorten »verunreinigt« war.

Relativ weit zurück gehen Vorwürfe von Klaus Werner-Lobo, einem der Autoren von »Das neue Schwarzbuch Markenfirmen«. Er reiste in den 90er-Jahren in den Kongo, gab sich als Händler aus und bekam dort das Erz Coltan aus einer Krisenregion angeboten – von einer Firma, die damals zum Bayer-Konzern gehörte. Zum Teil verfolgt Bayer auch Vorgänge aus der Vergangenheit, die aus dem Schering-Bereich kommen. So gibt es Fälle von schwerer Missbildung bei Menschen ab der Geburt in den 60er-Jahren, die die Opfer darauf zurückführen, dass ihre Mütter Hormonpräparate eingenommen haben. Bayer bestreitet diesen Zusammenhang mit dem Hinweis auf Studien.

Die »Wirtschaftswoche« berichtet schon im Mai 2008, in den USA seien mehr als 8000 Klagen wegen Nebenwirkungen der »Pille« anhängig, und der erste Prozess startet damals auch in Deutschland. Bayer hat hier nie eine Schuld anerkannt, aber laut »Kölner Stadt-Anzeiger« bis Mitte 2012 rund 300 Millionen Euro für Vergleichszahlungen in Amerika ausgegeben.

Ein heftiger Streit tobt auch in der unmittelbaren Nachbarschaft des Konzerns. Hierbei geht es um eine Pipeline, mit der Bayer hochgiftiges Kohlenmonoxid zwischen zwei Werken transportieren will. Bayer hält die Rohrleitungen für sicher – die Anwohner, an deren Gartenzaun sie vorbeiführen, sehen das zum Teil aber ganz anders.

Die Vorwürfe gegen den Konzern wiegen schwer. Bis zu einem gewissen Grad muss man berücksichtigen, dass er mit der »Coordination« einen besonders schlagkräftigen Gegner hat, was die Häufigkeit kritischer Berichte in den Medien sicherlich erhöht. Außerdem ziehen die Geschäftsfelder von Bayer Kritik geradezu an. Dabei ist eben genau die Medizin ein Geschäft, das letztlich sehr vielen Menschen nützt. Und bei allem Streit um einzelne Pflanzenschutz- oder Düngerprodukte darf man nicht übersehen, dass die Menschheit ganz ohne Agrochemie vermutlich nicht mehr zu ernähren wäre. Zieht man eine Bilanz, so fällt es wegen der Vielzahl der Vorwürfe dennoch schwer, eine höhere Bewertung als zwei Sterne zu geben.

Beiersdorf

Ethik hautnah

Bewertung: ****
Bekannte Marken: 8x4, Eucerin, Florena, Hansaplast, La Prairie,
Labello, Nivea, Tesa
Umsatz: 5,6 Milliarden Euro (6,8 Mrd. Franken)
Gewinn: 259 Millionen Euro (315 Mill. Franken)
Beschäftigte: 17 666
Sitz: Hamburg
Rating: Oekom Research C+ und Prime Status, Sustainalytics
Dax-Ranking Platz 25, Wegreen-Ampel gelb

Ist Nivea Kosmetik? Reiner Luxus? Oder doch eher Pflege? Oder
Medizin? Von allem ein bisschen, vor allem natürlich Hautpflege. Der Unterschied ist keine Haarspalterei, jedenfalls nicht
aus der Sicht von Tierfreunden. Denn während für medizinische
Zwecke Tierversuche weitgehend akzeptiert sein dürften, wenn
es keine brauchbaren Alternativen gibt, sieht es bei Kosmetik
ganz anders aus. Und Hautpflege liegt sozusagen in der Mitte:
kein Luxus, aber weniger zwingend notwendig als Medizin.

Der Beiersdorf-Konzern, dessen bekannteste und traditions-
reichste Marke Nivea ist, hat sich daher nach eigener Darstellung
dem Ziel verschrieben, Tierversuche so weit wie möglich über-
flüssig zu machen. So werden zum Beispiel als Ersatz Zellkultu-
ren im Reagenzglas herangezogen und für Tests verwendet. Damit kann der Konzern nach eigenen Angaben für seine reinen
Kosmetikprodukte vollständig auf Tierversuche verzichten. In
anderen Fällen arbeitet die Firma lieber mit freiwilligen menschlichen Probanden als mit Tieren, dafür gibt es am Stammsitz in

Hamburg ein eigenes Zentrum. Ein Problem ist, dass für einige Anwendungen lange Zeit Tierversuche gesetzlich vorgeschrieben waren. Die Hamburger suchen daher nicht nur nach technischen Alternativen, sondern beteiligen sich auch an Initiativen, derartige Vorschriften zu modernisieren. Früher wurden zum Beispiel bestimmte Tests, bei denen es um mögliche Schleimhautreizungen ging, am Auge lebender Kaninchen durchgeführt. Heute werden diese Tests mit Abfällen von Schweinen aus dem Schlachthof gemacht. Insgesamt haben die Forscher des Konzerns mehr als 100 wissenschaftliche Arbeiten zu diesem Themenbereich veröffentlicht.

Der Konzern hat viele Marken – und mit Haut haben sie fast alle etwas zu tun. Nivea ist die bekannteste und ähnlich wie Hansaplast und Eucerin schon über 100 Jahre alt. La Prairie sitzt in der Schweiz und verkauft auch unter den Namen »Swiss Cellular De-Agers« und »The Caviar Collection«, die Produkte sollen die Haut nicht nur vor Alterung, sondern auch vor Umwelteinflüssen schützen.

Negativ fällt auf, dass Beiersdorf beim Nachhaltigkeits-Ranking der Ratingfirma Sustainalytics nur auf den 25. Platz von 30 Konzernen im Deutschen Aktien-Index (Dax) kommt. Bewertet werden dabei die Bereiche Umwelt, Soziales und gute Unternehmensführung. Besonders schlecht schneidet die Firma mit Platz 27 bei der Umwelt ab, deutlich besser mit Rang 18 im Sozialbereich. Die Unternehmensführung liegt wie die Gesamtwertung bei 25. Man darf das Ergebnis, das in der Studie nicht genauer erläutert wird, aber nicht überbewerten, denn Sustainalytics schreibt selbst, Beiersdorf liege mit 64,5 Punkten gegenüber Konkurrenten aus anderen Ländern (deren Ergebnisse nicht einzeln genannt werden) immer noch um rund 20 Punkte über dem Durchschnitt.

Die Berichte von Beiersdorf über ethisch relevante Themen sind recht übersichtlich und überzeugend. Sehr geschickt ist die Aufbereitung der GRI: Sie bietet ein international genormtes Schema, in dem die wichtigsten Themen im Bereich der Nachhaltigkeit aufgeführt werden, um eine bessere Vergleichbarkeit der Berichte zu erreichen. Die meisten Konzerne stecken die Aufstellung in den Anhang und verweisen von dort lediglich auf die Seitenzahlen ihres Berichts. Beiersdorf versieht die einzelnen Punkte dagegen mit stichwortartigen Angaben. Würden alle Firmen das so machen, wäre es sehr viel leichter und schneller möglich, tatsächlich Vergleiche zu ziehen.

Seit 2010 ist der CSR-Bereich, der alle Fragen unter dem Stichwort »Verantwortung« behandelt, direkt dem Konzernvorstand unterstellt. Er berichtet recht genau über Umweltfragen. So werden die Kunststoffpackungen bis zu etwa 30 Prozent aus recyceltem Material hergestellt, bei Transportverpackungen sind es mehr als 70 Prozent. Außerdem hat der Konzern seine Logistik ganz neu organisiert, mit dem Ziel, sich verstärkt Lager- und Transportkapazitäten mit anderen Firmen zu teilen. Es geht vor allem darum, Container optimal auszunutzen. Das hat sicher auch rein wirtschaftliche Gründe, aber es senkt eben den Energieverbrauch.

Palmöl wird nur bei einem Seifenprodukt direkt eingesetzt, heißt es, kann aber in anderen Bereichen indirekt, also in Vorprodukten, vorkommen. Beiersdorf ist Mitglied eines »Round Table«, der dafür sorgen will, dass nur noch Palmöl verwendet wird, das nicht durch Raubbau an der Natur gewonnen wird. Allerdings räumt der Konzern ein, dass die Herkunft des Materials kaum zu kontrollieren ist. Letztlich ist das ehrlicher als die Versuche mancher anderen Konzerne, diesen Round Table als besonders effizient darzustellen. Allerdings wären in dem Punkt doch mehr Anstrengungen gefragt. Palmöl ist deswegen ein Thema mit besonders hoher Aufmerksamkeit, weil es teilweise in den ehemaligen Revieren der bedrohten Orang-Utans gewonnen wird.

Eine genaue Aufstellung gibt Beiersdorf, wie viele Audits, also Kontrollen, bei Zulieferern durchgeführt werden, um die Einhaltung sozialer und ökologischer Standards zu überprüfen, und mit welchen Ergebnissen. Außerdem hat der Konzern sich Anfang 2012 auf eine Frauenquote festgelegt: In den drei Führungsebenen unterhalb des Vorstands soll sie bis 2020 auf 25 bis 30 Prozent ansteigen.

In der breiteren Öffentlichkeit sind in den vergangenen Jahren relativ wenige Vorwürfe gegen das Unternehmen bekannt geworden. Im Jahr 2006 beschwert sich ein Konkurrent, weil Beiersdorf-Produkte die Bezeichnung »of Switzerland« trugen, obwohl sie nur in der Schweiz entwickelt, aber in Deutschland hergestellt wurden. Ärger gab es mit den Gewerkschaften, weil im Zuge eines Konzernumbaus Arbeitsplätze gestrichen wurden. Die IG Bergbau, Chemie, Energie kritisiert 2011 vor allem, der Konzern habe zwei Jahre zuvor gegen ihren ausdrücklichen Rat unbefristete Arbeitsplätze geschaffen und müsse diese nun wieder abbauen.

Beiersdorf ist zwar im Deutschen Aktienindex (Dax) notiert und verfügt über weltweit bekannte Marken, ist aber im Vergleich zu großen Konkurrenten wie Procter & Gamble und L'Oréal doch ein kleineres Unternehmen, das es im Wettbewerb nicht leicht hat. Vielleicht erlaubt das, dem Konzern einen kleinen Sympathievorsprung zuzubilligen. Das Geschäftsmodell insgesamt ist mit seiner Konzentration auf Hautpflege aus ethischer Sicht, gerade in einer alternden Gesellschaft, positiv zu sehen. Stellt man die insgesamt überzeugende Berichterstattung über ethische Themen und das Engagement für Alternativen zu Tierversuchen ins Zentrum der Bewertung, dann sollten trotz des bescheidenen Ratings von Sustainalytics vier Sterne berechtigt sein.

BMW

Der weiß-blaue Himmel

Bewertung: **
Weitere Konzernmarken: Mini, Rolls-Royce
Umsatz: 68,8 Mrd. Euro (83,7 Mrd. Franken)
Gewinn: 4,9 Mrd. Euro (6,0 Mrd. Franken)
Beschäftigte: 100 306
Sitz: München
Rating: Oekom Research B- und Prime Status, SAM Sector Leader,
Sustainalytics Dax-Ranking Platz 1, Wegreen-Ampel gelb

Das Enblem von BMW stellt einen Propeller vor dem blauen Himmel dar – weil die »Bayerischen Motoren-Werke« ursprünglich Flugzeugmotoren gebaut haben. Nebenbei symbolisiert es so die Farben Bayerns. Und die Münchener schaffen es mit Erfolg, dieses himmelblaue Image auch im Umweltbereich zu pflegen. Bei entsprechenden Rankings schneiden sie meist sehr gut ab: SAM nennt sie als »Sector Leader«, also weltweit als Nummer 1. Und Sustainalytics gibt ihnen Platz 1 der 30 Konzerne des Deutschen Aktienindex (Dax). Sustainalytics lobt vor allem die Umweltfreundlichkeit der Produktion, die in den vergangenen Jahren deutlich gestiegen sei. Die Analysten sehen auch »klare Erfolge bei der Reduktion der CO_2-Emissionen« der Neuwagen-Flotte. Nach Angaben des Konzerns lagen die durchschnittlichen CO_2-Emissionen der in Europa verkauften Modelle 2011 bei 145 Gramm je Kilometer.

Unter den Top Ten der VCD-Umweltliste 2011/12 kommt BMW aber nicht vor. Und zwar weder in der Gesamtliste noch in den Unterabteilungen. Und damit sind wir beim Kernthema der Branche: Autos stellen eine enorme Umweltbelastung dar, und zwar vor allem während sie gefahren werden, nicht bei der Produktion. Es gibt kein einziges Produkt, das die Erdoberfläche buchstäblich in vergleichbarer Weise verändert hätte. Und dasselbe gilt für den Energieverbrauch und die Belastung des Klimas. Kurz gesagt: Für Autos wird Boden versiegelt. Für sie wird Öl gefördert, transportiert und verarbeitet – und auf allen diesen Stufen kann es immer wieder zu Unfällen kommen. Außerdem ist Öl ein wertvoller, nicht endlos vorhandener Rohstoff, der nicht nur zur Wärme- und Energieerzeugung dient, sondern auch als Basis für viele chemische Prozesse. Autos stoßen jede Menge Schadstoffe aus. Meist wird nur CO_2 genannt, was eigentlich kein Schadstoff ist, aber eine entscheidende Rolle beim Klimawandel spielt, dazu kommen aber zum Beispiel auch Stickoxide.

Umweltfreundliche Autos gibt es daher nicht – sondern höchstens Modelle, die etwas weniger Schäden verursachen als andere. Die Industrie hat es aber geschafft, mit viel PR und ihren Werbebotschaften zumindest unterschwellig einen anderen Eindruck zu erwecken – man muss nur darauf achten, wie häufig Autos in Werbefilmen in schönen, einsamen Landschaften unterwegs sind.

PR spielt auch in Teilbereichen dieses Themas eine große Rolle. So wurde gerade in Deutschland lange Zeit der Dieselmotor als besonders umweltfreundlich angepriesen. Weil er recht sparsam ist, passten hier scheinbar Ökonomie und Ökologie wunderbar zusammen. Unterschlagen wurde dabei, dass Dieselmotoren weitaus mehr Schadstoffe ausstoßen als normale Benziner – wenn auch, wegen des sparsameren Verbrauchs, in der Regel weniger CO_2. Ein Teil dieser Schadstoffe wurde durch Rußfilter eingefangen, die mittlerweile längst Standard sind. Damit bleibt aber das Problem der Stickoxide, die beim Benziner vom Katalysator aufgefangen werden, beim normalen Diesel jedoch nicht. Hierfür haben sich die Hersteller inzwischen – reichlich spät – auch Lösungen einfallen lassen, aber perfekt sind die keineswegs.

PR spielt aber auch bei der Elektroauto-Welle eine wichtige Rolle, wobei der anfängliche Optimismus inzwischen ohnehin einer gewissen Ernüchterung gewichen ist. Denn häufig wird so getan, als entstünden durch das Fahren mit Strom gar keine schädlichen Emissionen – dabei werden sie so nur aufs Kraftwerk verlagert. Und je nach Mischung der dort eingesetzten Brennstoffe können Elektroautos daher auch eine sehr schlechte Ökobilanz haben. Weite Teile Deutschlands werden zum Beispiel immer noch mit Strom aus Braunkohle versorgt.

Sinnvoll ist dagegen, die Bremsenergie elektrisch zu speichern, so wie es Hybridautos machen. Diese Wagen schneiden daher in vielen Umwelttests hervorragend ab. Nur: Die deutsche Autoindustrie hat sich erst spät mit dem Konzept angefreundet. Und die meisten ersten Hybrids made in Germany sind sehr PS-starke Fahrzeuge, bei denen man von Energiesparen nicht ernsthaft reden kann. So schreibt die FAZ im Februar 2012 über einen BMW-Hybrid der 5er-Reihe: »Dennoch wird ihm ein Normverbrauch von 6,4 Liter auf 100 Kilometer attestiert. Das entspricht einem Kohlendioxidausstoß von 149 g/km und ist für eine knapp zwei Tonnen wiegende Limousine nichts weniger als eine kleine Sensation. Allerdings vermeldete bei ersten Probefahrten der Bordrechner einen Durchschnittsverbrauch von 9,3 Liter.« Das spricht ja für sich.

Gerade BMW und Daimler haben lange Zeit Luxus zu einem großen Teil über die Motorenleistung definiert – und damit über einen hohen Energieverbrauch. Sie haben es viel zu lange versäumt, Luxus anders als durch PS zu definieren – also auf eine Weise, bei der Umweltschutz und Schonung von Ressourcen eine größere Rolle spielen. Stattdessen hat BMW diese Zielsetzung vor allem – mit Erfolg – in den eigenen Fabriken in den Blick genommen. Aber das ist nicht genug.

Öffentliche Vorwürfe gegen BMW kommen manchmal von Umweltaktivisten, dann richten sie sich aber meist gegen alle Autokonzerne. In den Jahren 2011 und 2012 kritisiert die Gewerkschaft IG Metall sehr deutlich den Einsatz von Leiharbeitern. Sie sollen deutlich schlechter bezahlt worden sein als die Stammbelegschaft. Im Jahr 2012 beschweren sich in Deutschland Ersatzteilhändler, BMW stelle nicht genügend technische Informationen zur Verfügung – dabei werden die Münchener aber ausdrücklich nur als Beispiel genannt, der Konflikt betrifft die gesamte Branche.

Im Jahr 2006 gab es einen etwas skurrilen Konflikt mit Google: Der Suchmaschinenbetreiber warf kurzfristig bmw.de aus dem System, weil die Münchener angeblich durch Manipulationen versucht hatten, sich eine höhere Priorität zu verschaffen – was der Konzern umgehend abstritt.

Alles in allem ist BMW sicher ein sehr gut gemanagtes Unternehmen, die Öko-Ratings sind hervorragend. Wegen der grundsätzlich problematischen Positionierung des Konzerns, die er in der Öffentlichkeit gut zu überspielen weiß, reicht es dennoch nur für zwei Sterne.

C&A

Alles in der Familie

Bewertung: ***
Eigene Handelsmarken: Angelo Litrico, Baby Club, Canda,
Clockhouse, here+there, Palomino, Westbury, Yessica,
Your Sixth Sense
Umsatz: 6,8 Mrd. Euro (8,2 Mrd. Franken)
Beschäftigte: mehr als 36 000
Sitz: Düsseldorf/Brüssel
Rating: Wegreen-Ampel gelb

Wenn zum Modeunternehmen C&A hier kein Öko-Rating aufgeführt wird, hat das einen simplen Grund: Der Traditionskonzern befindet sich in Familienbesitz. Und wo es keine externen Investoren gibt, bezahlt auch niemand ein derartiges Rating. Das ist anders als bei Firmen, die an der Börse notiert sind oder in größerem Umfang Anleihen an Anleger verkaufen.

Die Abkürzung C&A steht für die Vornamen von Clemens und August Brenninkmeijer. Sie gehören zu einer Familie, die aus dem westfälischen Mettingen stammt und schon im 17. Jahrhundert mit Tuchen handelte, und gründen das heutige Unternehmen im niederländischen Sneek, in Friesland, im Jahr 1841. Genau 20 Jahre später eröffnen sie die erste Filiale, in der Kleidung in Konfektionsgrößen angeboten wird – damals eine Neuheit. Vor gut 100 Jahren kommt C&A nach Deutschland. Die Nachfahren der Gründer sind bis heute nicht nur Eigentümer, sondern viele von ihnen arbeiten auch im Management der Firma.

Familienunternehmen galten manchen Zeitgenossen schon als überholt, nicht mehr ganz zeitgemäß. Doch spätestens mit der großen Finanzkrise hat sich das grundlegend geändert: Plötzlich ist der Familienunternehmer wieder das Urbild des ehrbaren Kaufmanns, der nicht nur auf kurzfristigen Gewinn aus ist. Und tatsächlich haben Familien ja auch eine ganz andere Perspektive als Investoren an der Börse und Manager von Aktienunternehmen. Bei ihnen kommt es nicht auf den Gewinn des nächsten Quartals an, sondern auf den der nächsten Jahre, vielleicht sogar Jahrzehnte. Gerade traditionsreiche Familien denken in Generationen. Das schafft Spielraum dafür, Werte jenseits des kurzfristigen Gewinns ins Unternehmen zu integrieren.

Sehr alt ist auch die katholische Tradition der Familie, die C&A gegründet hat. Noch vor wenigen Jahrzehnten wurde der Führungsnachwuchs sogar in internatsähnlichen, streng geführten Häusern untergebracht und unterrichtet. Lange Zeit war Frauen das höhere Management verschlossen. Das alles hat sich verändert. Aber der Anspruch, als Unternehmer aus einer christlichen Tradition heraus zu handeln, ist geblieben. Ihn teilen die Brenninkmeijers mit einigen anderen Unternehmerfamilien wie zum Beispiel den – evangelischen – Deichmanns mit ihren Schuhgeschäften.

Wie wirken sich diese Traditionen im unternehmerischen Alltag aus? Im August 2010 veröffentlicht die »Stiftung Warentest« einen Vergleich von T-Shirts – dabei geht es ausdrücklich um die Arbeitsbedingungen, unter denen sie hergestellt werden. H&M, Mexx, NKD und zero verweigern dazu die Auskunft. Nur ein Anbieter bekommt wirklich ein gutes Zeugnis, nämlich hessnatur: Diese Firma, die freilich auch viel kleiner ist als die Großen der Branche, verbraucht hauptsächlich Biobaumwolle aus Burkina Faso. Einige andere große Anbieter, darunter Gerry Weber, Otto und Zara, zeigen geringes Engagement, bemängelte die Stiftung. Aber C&A wird gelobt, weil der Konzern sich in seinen beiden Fabriken in Indien durch »eine weitentwickelte Sozial- und Umweltpolitik« auszeichne. Ein leichter Vorsprung vor den anderen großen Konkurrenten also.

Auf der anderen Seite berichten britische Medien im November 2010 über »Sweatshops« in Großbritannien, in denen unter unerträglichen Bedingungen und zur Hälfte des gesetzlichen Mindestlohns produziert wird. Einer der Kunden ist C&A. Der Konzern selbst räumt damals auf Anfrage ein, die Zustände seien »erbärmlich«.

C&A hat schon im Jahr 1996 die Service Organisation for Compliance Audit Management (SOCAM) gegründet. Sie arbeitet innerhalb des Konzerns relativ selbstständig und soll gewährleisten, dass eigene Betriebe und Zulieferer die Vorgaben des Konzerns einhalten. Die Auditoren besuchen im Jahr 2011 rund 1700 Betriebe, was mehr als 70 Prozent der Zulieferer entspricht, der Schwerpunkt sind Fernost und der indische Subkontinent. Dabei werden in immerhin 65 Prozent der Kontrollen Mängel beanstandet. Die Arbeit dieser Auditoren wird vom Unternehmen selbst recht genau beschrieben. Sie sind nach den Angaben in der Regel mehrsprachig, kommen aus der Region, in der sie eingesetzt werden, und haben langjährige Erfahrungen in der Textilbranche.

Vereinzelt taucht das Problem der Kinderarbeit noch auf, räumt C&A ein. Wenn diese festgestellt wird, soll der Lieferant dem Kind durch ein Stipendium den Schulbesuch ermöglichen. Der Konzern berichtet auch, dass manchmal Betriebe die Kontrolleure zu täuschen versuchen, indem sie ihre Mitarbeiter die Antworten auf Fragen auswendig lernen lassen.

Wie die »Kampagne für saubere Kleidung« berichtet, stößt die Tatsache, dass C&A allein auf eigene Kontrolleure vertraut, auf Kritik. Wie »aktivgegenkinderarbeit« anführt, wird C&A

vorgeworfen, mit SOCAM eine nur scheinbar unabhängige Organisation geschaffen zu haben, die in Wirklichkeit doch von der Unternehmerfamilie finanziert wird und ihre Berichte auch nicht veröffentlicht.

Der Konzern hat in den vergangenen Jahren den Anteil der Ware, die direkt von Produzenten gekauft wird, erhöht, um so einen besseren Einblick in die Arbeitsbedingungen vor Ort zu bekommen. Außerdem vergibt er Auszeichnungen an Lieferanten, die besondere Leistungen im wirtschaftlichen, aber auch im sozialen Bereich vorzuweisen haben.

Knapp 30 Prozent der Waren tragen das Siegel Öko-Tex-Standard 100. Dieser Standard wurde von dem Österreichischen Textilforschungsinstitut und dem deutschen Forschungsinstitut Hohenstein entwickelt. Er bezieht sich vor allem auf Schadstoffe in der Kleidung. Nicht enthalten ist aber eine Prüfung des gesamten Herstellungsprozesses nach ökologischen Kriterien – dies ist nur beim Standard 1000 der Fall. C&A hat sich aber zusammen mit anderen Unternehmen verpflichtet, bis 2020 alle gefährlichen Chemikalien aus seinen Produkten zu verbannen. Anstoß dazu gab eine Studie von Greenpeace.

Wegen der spärlichen öffentlichen Kritik an dem Unternehmen sind trotz der in der gesamten Branche immer wieder problematischen Arbeitsverhältnisse drei Sterne gerechtfertigt.

Coca-Cola

Die Wasserschlucker

Bewertung: **
Bekannte Marken: Apollinaris, Bonaqa, Fanta, Lift, Sprite
Umsatz: 46,6 Milliarden Dollar (36,0 Mrd. Euro, 43,8 Mrd. Franken)
Gewinn: 8,6 Milliarden Dollar (6,6 Mrd. Euro, 8,1 Mrd. Franken)
Beschäftigte: 146 200
Sitz: Atlanta
Ratings: Oekom Research C+ und Prime Status,
Wegreen-Ampel grün

Coca-Cola ist weltweit wahrscheinlich bekannter als der liebe Gott. Nach Angaben des Konzerns ist das Getränk in mehr als 200 Ländern zu kaufen, offiziell nicht zu kaufen ist es in Nordkorea und Kuba, Bolivien kündigte 2012 ebenfalls ein Verbot an. Dabei ist Coca-Cola nur eine der rund 500 Marken des Konzerns, mit allen Varianten sind 3500 verschiedene Getränke im Angebot. Bei einem derart bekannten Unternehmen wundert es nicht, dass sich darum allerlei Mythen ranken. Zum Beispiel heißt es, Coca-Cola habe den Weihnachtsmann erfunden. Tatsächlich hat der Konzern ab 1931 den Weihnachtsmann, oder Santa Claus, wie ihn die Amerikaner nennen, in seiner Werbung eingesetzt. Nach einem Artikel der »Süddeutschen Zeitung« aus dem Dezember 2007 gab es ihn allerdings in ganz ähnlicher Verkleidung schon im 19. Jahrhundert. Umwölkt von Geschichten ist auch das Thema Kokain. Offenbar hat Coca-Cola in den ersten Jahren geringe Mengen davon enthalten. Und manchmal heißt es, noch heute würden bestimmte Bestandteile der Coca-Pflanze verwendet. Das Unternehmen streitet das ab, hält aber die Mischung geheim, was die Mythenbildung natürlich beflügelt und so wahrscheinlich dem Absatz nützt.

Dann gibt es Geschichten über die Wirkung von Cola. Der Berliner »Tagesspiegel« hat dazu im Mai 2011 den Ernährungsmediziner Helmut Rottka befragt. Der bestätigt, dass sich ein Stück Fleisch in Cola auflöst und führt das auf die darin enthaltene Phosphorsäure zurück, die auch Calcium aus den Knochen zieht. Er rät daher Kindern von dem Getränk ab. Den hohen Zuckergehalt hält er für weniger dramatisch – der sei bei Orangensaft auch gegeben. Und der Koffeingehalt sei nur halb so hoch wie bei Kaffee. Das Unternehmen selbst zitiert Studien, nach denen es keinen Zusammenhang zwischen Softdrinks und Fettleibigkeit bei Kindern geben soll.

Das schwierigste Thema für das Unternehmen heißt Wasser. Eines muss man zwar einräumen: Bei den meisten Marken des Konzerns handelt es sich nicht um Mineralwasser, es wird also nicht aufwendig Wasser von einem Teil der Welt in einen anderen transportiert – eine Übung, die aus ökologischer Sicht nicht gerade vorteilhaft ist. Abgefüllt wird regional. Das schafft auch regionale Arbeitsplätze und reduziert den Aufwand für den Transport.

Im Jahr 2004 brauchte das Unternehmen im Durchschnitt noch 2,7 Liter Wasser, um einen Liter Cola herzustellen. Nach eigenen Angaben wurden 1,7 Liter für den Produktionsprozess benötigt, vor allem fürs Spülen, Säubern und Kühlen. 2010 war eine Verbesserung auf 2,26 Liter erreicht, für 2012 lag das Soll bei 2,17 Litern. Das bedeutet aber: Man benötigt immer noch die doppelte Wassermenge, um diese Getränke herzustellen. Der Konzern bemüht sich aber, möglichst viel Wasser aus dem Produktionsprozess entweder gesäubert an die Umwelt zurückzugeben oder selbst wiederzuverwenden. Und ab dem Jahr 2013 sollen die Abfüller – es gibt rund 900 weltweit – jeweils einen »Wasserschutzplan« vorlegen.

Wasser wird auch bei der Produktion von Zucker benötigt. Der Konzern hat hierzu eine umfangreiche Studie erstellt und verschiedene Anbaugebiete in mehr und in weniger problematische Regionen unterteilt. Dabei werden unter anderem Gegenden in Griechenland und Spanien als problematisch eingestuft.

In Indien gab es auch immer wieder Ärger, weil Behörden Coca-Cola und dem Konkurrenten Pepsi vorwarfen, dass ihre Getränke zu viele Schadstoffe enthielten. Der Konzern stritt das zum Teil ab und verwies darauf, die einheimischen Getränke seien nicht entsprechend geprüft worden. Interessant ist ein Artikel der »Süddeutschen Zeitung« von August 2003, der auf einem Gespräch mit der damaligen Direktorin des Zentrums für Wissenschaft und Umwelt in Neu Delhi beruht. Sie sagt, dass praktisch alle Getränke wegen der schlechten Wasserqualität zu hohe Belastungen aufwiesen – man habe aber Coca-Cola und Pepsi herausgegriffen, um so möglichst viel Aufmerksamkeit für das Problem zu erregen.

Neben Wasser und Zucker gibt es noch weitere Probleme. Einmal spielt Energie eine große Rolle – Cola wird meist gekühlt getrunken, und das kostet sehr viel Strom. Der Klima-»Fußabdruck«, also der Ausstoß von CO_2, wird hiervon vor allem geprägt. Der Konzern bemüht sich aber um mehr Energieeffizienz. Ein weiterer Punkt sind die Verpackungen. Rund die Hälfte der Getränke wird in PET-Flaschen ausgeliefert. Das Ziel lautet, bis 2020 möglichst alles aus pflanzlichem Material herzustellen. Außerdem soll bis 2015 die Hälfte aller Verpackungen recycelt werden.

Wie werden Mitarbeiter behandelt? Hier gab es immer wieder Vorwürfe, Gewerkschafter aus Kolumbien, die bei Coca-

Cola arbeiteten, seien in den 90er-Jahren Opfer von Gewalt geworden. Der Konzern machte sich nur sehr halbherzig an die Aufklärung der Vorgänge und setzte sich damit selbst in ein schlechtes Licht – einer der Gründe dafür, dass es immer wieder gerade aus dem Bereich der Universitäten und zum Teil auch der Kirchen Aufrufe zum Boykott gegeben hat.

Der Konzern selbst kontrolliert seine Zulieferer und führt darüber auch Buch. Er räumt allerdings ein, dass es in El Salvador zum Teil Kinderarbeit auf Zuckerfarmen gebe. Von Oxfam ließ er sich für dieses Land und für Sambia eine Studie erstellen, nach der die Anwesenheit des Konzerns die Armut in dem Land lindert. Oxfam ist sicherlich eine glaubwürdige Organisation. Auf der anderen Seite fragt sich doch, ob ohne Coca-Cola nicht andere Getränke in ähnlicher Weise zur Schaffung von Arbeitsplätzen führen würden. Darüber hinaus gibt es ein Programm zur Förderung von Frauen – es soll 2020 rund fünf Millionen Frauen erreichen. Dazu hat der Konzern ein Video gedreht, das glückliche afrikanische Frauen beim Verkauf von Coca-Cola zeigt. Auch hier fragt sich: Könnten die nicht genauso gut andere Getränke verkaufen? Und bringt dieser Verkauf wirklich eine wertvolle Qualifikation? Das Video wirkt eher peinlich.

In der Gesamtbewertung sind vor allem wegen des Wasserproblems nicht mehr als zwei Sterne angemessen, auch wenn anzuerkennen ist, dass Coca-Cola dieses Thema sehr ernst nimmt.

Daimler

Tradition reicht nicht

**Bewertung: **
Marken: Mercedes, Smart
Umsatz: 106,5 Milliarden Euro (130,6 Mrd. Franken)
Gewinn: 6,0 Milliarden Euro (7,3 Mrd. Franken)
Beschäftigte: 271 370
Sitz: Stuttgart
Rating: Oekom Research B- und Prime Status, SAM Gold und
Sector Mover, Sustainalytics Dax-Ranking Platz 19, Wegreen-
Ampel gelb

Daimler nimmt Ethik sehr ernst. Der Konzern richtet im Februar 2011 ein neues Vorstandsressort »Integrität und Recht« ein und besetzt es mit Christine Hohmann-Dennhardt. Sie ist die erste Frau im Vorstand des Traditionskonzerns. Und sie hat bei Amtsantritt bereits eine beeindruckende Karriere hinter sich, unter anderem als Landesministerin in Hessen und als Richterin am Bundesverfassungsgericht. In einem Interview mit dem »Handelsblatt« im Dezember 2011 betont sie, Daimler habe als Weltkonzern großen Einfluss und könne daher etwas gegen Korruption tun. Sie hat eine klare Vorstellung, wie das geschehen soll: lieber mit wenigen, deutlich formulierten Regeln als mit einem Gestrüpp von Vorschriften. Ihre Leitlinie lautet: Was im Privaten nicht erlaubt ist, darf man im Geschäftsleben auch nicht tun. Dennoch gibt es bei Daimler in einigen Punkten sehr genaue Vorschriften. Wer sich zum Beispiel von einem Geschäftspartner im Flugzeug mitnehmen lässt, muss sich das vorher von seinem Vorgesetzten genehmigen lassen. Rabatte können Daimler-Angehörige von anderen Unternehmen nur akzeptieren, wenn sie für alle Konzernmitarbeiter gelten.

Die prominente Besetzung des Ressorts mit einer Frau, die nicht den innerbetrieblichen Seilschaften entsprungen ist, setzt ein deutliches Signal: Daimler will sich von unsauberen Geschäftspraktiken verabschieden. Vorausgegangen ist allerdings auch eine aufsehenerregende Bestechungsaffäre. Der Amerika-Chef musste deswegen 2011 gehen, und der Konzern zahlte an Buße plus Gewinnabschöpfung 180 Millionen Dollar an die US-Behörden.

Trotzdem gibt es nur zwei Sterne für Deutschlands traditionsreichsten Konzern. Die Erklärung dafür liefert Daimler selbst mit der Formulierung in der Umweltleitlinie: »Wir entwickeln Produkte, die in ihrem Marktsegment besonders umweltverträglich sind.« Wichtig ist dabei die Einschränkung »in ihrem Marktsegment«. Daimler baut auch LKWs, außerdem gehört Smart dazu, ein Hersteller von sehr kleinen und entsprechend umweltfreundlichen Fahrzeugen. Aber in der breiten Öffentlichkeit steht der Konzern wie BMW vor allem für seine schweren, hoch motorisierten Pkws. Wenn es in der Bewertung nur für zwei Sterne reicht, dann liegt hier der Grund: nicht im fehlenden Engagement des Konzerns, sondern in der grundsätzlich problematischen Positionierung. Denn solange Luxus eng mit starker Motorisierung verbunden ist, sind Luxusautos besonders umweltfeindlich – mehr als fast jedes andere Produkt, das man privat kaufen kann. Mercedes hat aber kaum einen erkennbaren Ansatz gezeigt, Luxus in anderer Weise zu definieren – obwohl keine Marke bessere Chancen dazu hätte. Denn wer kann gegen die große Tradition dieses Herstellers gegenhalten?

Auffällig ist die etwas schlechtere Einstufung bei Öko-Ratings im Vergleich zu BMW. Während BMW bei SAM als weltweit führend eingestuft wird und bei Sustainalytics im Dax-Vergleich in der Gesamtwertung wie auch im Umweltbereich die Liste anführt, landet Daimler im Dax-Vergleich weit abgeschlagen: in der Gesamtwertung auf Rang 19, im Umwelt-Rating auf Platz 26, also fast am Ende der 30 Titel umfassenden Liste. Als Grund dafür nennt Sustainalytics den höheren durchschnittlichen CO_2-Ausstoß bei Mercedes sowie »ausbaufähige« ökologische Standards für die Zulieferer. Allerdings will Daimler den Ausstoß bis 2016 bei den neuen Pkws auf durchschnittlich 125 Gramm pro Kilometer senken und gibt 140 Gramm für 2012 an: Das liegt ganz ähnlich wie bei BMW. Daher ist vielleicht doch eher das Rating von Oekom Research zutreffend, das für Daimler und BMW gleich ausfällt.

Kaum besser als BMW schneidet Daimler bei der VCD-Umweltliste ab: Der Smart Fortwo Coupé 40 kW cdi, ein Nischenprodukt, führt zwar die Liste der Klimabesten an. In der Gesamtwertung kommt aber kein Fahrzeug des Konzerns unter die Top Ten, auch nicht in Untergruppen wie Kompaktklasse, Familienfahrzeug und Siebensitzer. Hier zeigt sich nicht nur das Übergewicht der hoch motorisierten Fahrzeuge, sondern auch der zu späte Einstieg in die Hybridtechnik. Immerhin zieht Mercedes mit Hybridmodellen nach und führt im April 2012 den E 300 Bluetec hybrid ein und preist ihn als sparsamste Limousine der Oberklasse an – allerdings mit einem Dieselmotor. Die Tester der »Kölnischen Rundschau« finden jedoch, die Verbrauchsangabe von 4,2 Litern auf 100 Kilometer sei »rein akademisch«.

Die Berichte von Daimler zu Themen der Nachhaltigkeit sind recht aussagekräftig. Sie werden, um die Glaubwürdigkeit zu erhöhen, von externen Stimmen ergänzt. So findet sich in dem Bericht über das Jahr 2010 eine Stellungnahme des Öko-

Instituts, die moderates Lob enthält, aber auch die Forderung, noch erheblich mehr für die Reduktion von CO_2 zu tun.

Im selben Jahr hat Daimler zum ersten Mal zusammen mit General Motors, Renault, Ford und Toyota Schulungen zu Arbeitsbedingungen und Umweltthemen in der Türkei abgehalten, 140 Lieferanten nahmen daran teil. Ein ähnliches Projekt läuft in Brasilien. Insgesamt kontrolliert der Konzern die Zulieferer aber nur über Selbstauskünfte – also eigentlich gar nicht, Besuche finden nur in Ausnahmefällen statt. Das ist ein Schwachpunkt. Daimler bekennt sich zu Biokraftstoffen. Dabei stehen solche der »zweiten Generation« im Vordergrund, die also aus Abfallstoffen hergestellt werden. Eingesetzt wird aber auch Palmöl, angeblich nur aus nachhaltigen Quellen – was, wenn man den Berichten anderer Konzerne glaubt, allerdings kaum zu kontrollieren ist.

Mercedes ist seit Jahrzehnten ein Luxusauto auch für die politische Klasse – und die besteht nicht nur aus lupenreinen Demokraten. Dadurch gerät der Konzern sehr schnell in den Geruch einer zu großen Nähe zur Macht. So werden immer wieder Vorwürfe laut, er habe eng mit der Militärdiktatur in Argentinien kooperiert und dabei auch Mitarbeiter der Folter ausgeliefert. Eine Kommission von externen Experten, die Daimler beauftragt hatte, kam schon vor zehn Jahren zu dem Ergebnis, den Konzern treffe keine Schuld. Trotzdem wird das Thema immer wieder neu aufgegriffen.

Danone

Kühe und Klima

Bewertung: *

Bekannte Marken: Actimel, Activia, Evian, Milupa, Nutricia, Volvic

Umsatz: 19,3 Milliarden Euro (23,5 Mrd. Franken)

Gewinn: 1,7 Milliarden Euro (2,1 Mrd. Franken)

Beschäftigte: 101 885

Sitz: Paris

Rating: Oekom Research C+ und Prime Status, SAM Gold, Wegreen-Ampel gelb

Danone ist in Geschäftsbereichen tätig, die immer wieder Kritik auf sich ziehen. Das Unternehmen produziert zum Beispiel Babynahrung – unter der Marke Milupa. Im Jahr 2011 wirft Unicef ihm ebenso wie Nestlé und Pfizer Wyeth vor, am Tod von 1,5 Millionen Babys mitschuldig zu sein. Der Grund: Die Werbung für Produkte, die einen Ersatz für Muttermilch darstellen, halte Mütter in Schwellenländern vom Stillen ab. Und weil für diese Ersatzprodukte häufig nur verunreinigtes Wasser zur Verfügung stehe, fördere das die gefährlichen Durchfallerkrankungen, eine der häufigsten Todesursachen für Kleinkinder in den armen Regionen der Welt.

Ähnlich wie Nestlé trifft Danone noch ein anderer Vorwurf: Die Produktion und Vermarktung von Mineralwasser wie Volvic erzeugt eine Menge Aufwand für zweifelhaften Nutzen. Denn Wasser gibt es fast überall auf der Welt. Es unter hohem Energieaufwand hin- und herzutransportieren, ist problematisch.

Danone trifft auch der Vorwurf zu tricksen. Im November 2011 etwa beendet der Konzern einen Rechtsstreit mit der Deutschen Umwelthilfe und verzichtet darauf, einen neuen Joghurtbecher, der vor allem aus Maisstärke hergestellt ist, als besonders umweltfreundlich zu bezeichnen. Die Umwelthilfe hält diese Bezeichnung für irreführend, weil im gesamten Lebenszyklus des Bechers keine deutlichen Vorteile gegenüber konventionellen Plastikbechern zu erkennen seien. Im Dezember desselben Jahres bekommt der Konzern den »goldenen Windbeutel«, eine »Auszeichnung« von Verbraucherschützern, die besonders irreführende Werbung brandmarken soll. Dabei geht es um die angeblich gesundheitsfördernde Wirkung des Joghurts Actimel. Der Konzern verweist aber darauf, diese Wirkung sei durch zahlreiche wissenschaftliche Studien nachgewiesen.

Das Kernprodukt von Danone ist Milch – und vor allem Joghurt als Folgeprodukt. Der Konzern beansprucht hier, vor allem regional zu arbeiten. Ein großes Problem bei der Milchproduktion sind – die Kühe. Sie produzieren als »Abluft« eine Menge Methan, und dieses Gas gilt als ausgesprochen gefährlicher Klimakiller, seine Wirkung ist rund 20-mal so groß wie die von CO_2. Der WWF hat 2007 vorgerechnet, dass eine deutsche Milchkuh für das Klima allein wegen des Methans etwa so schädlich ist wie 18 000 Kilometer Fahrleistung jährlich mit dem Pkw, hinzu kommen noch die Effekte des Futteranbaus für die Kuh, die mit 6000 Kilometern verglichen werden. Ein ausführlicher Bericht der UN-Organisation FAO über den »langen Schatten« der Viehhaltung aus dem Jahr 2006 beschäftigt sich ebenfalls ausführlich mit dem Problem.

Vor diesem Hintergrund gibt es zwei Möglichkeiten. Erstens: weniger Milch trinken. Die andere Möglichkeit besteht darin, durch veränderte Futtermischungen den Methan-Ausstoß der Rinder zu vermindern. Und hier setzt Danone an. Nach eigenen Angaben ist es in Frankreich so gelungen, den Methan-Ausstoß um bis zu 14 Prozent zu reduzieren. Ein anderer Ansatz besteht darin, aus Milchresten in der Fabrikation Biogas zu gewinnen und zu verwenden. So konnte allein im Werk Ochsenfurt der CO_2-Ausstoß um sieben Prozent gesenkt werden, heißt es: keine Lösung für das Methan-Problem, aber auch ein Fortschritt. Das Problem der Kühe als »Klimakiller« macht etwas deutlich, was häufig übersehen wird: Zu den problematischsten Branchen überhaupt gehört die Landwirtschaft. Dabei gilt zunächst die einfache Regel: Je mehr Tiere beteiligt sind, desto höher sind die ökologischen Kosten. Leider ist es nicht ganz so einfach zu sagen, dass vegetarische Lebensweise allein den entscheidenden Unterschied macht. Das Klimabündnis Köln etwa veröffentlicht auf seiner Homepage eine Tabelle, aus der hervorgeht, dass bei Hartkäse auf ein Kilo ein CO_2-Ausstoß von 8500 Gramm entfällt, bei Schweinefleisch sind es dagegen nur 3250, bei Rindfleisch aber 13 300. Als Regel ergibt sich daraus: wenig Fleisch, und wenn, dann lieber Schwein als Rind. Wenig Hartkäse, Sahne und Butter, dafür lieber Quark, Joghurt und Frischkäse. So besehen liegt Danone mit seinem Joghurt ganz gut. Alles, was auf Obst, Gemüse und Getreide basiert, schneidet noch besser ab.

Danone schneidet bei Öko-Ratings recht gut ab. Eine Studie der Bank Sarasin aus dem Jahr 2010, bei der 15 Unternehmen der Nahrungsmittelindustrie untersucht werden, setzt den Konzern mit Abstand auf den ersten Platz, dabei spielen vor allem ökologische Faktoren, etwa die bereits genannte Reduktion von Methan, aber auch soziale Faktoren eine Rolle. Das Bankhaus Sarasin hat sich seit Langem besonders auf ethisch bewusste Anleger spezialisiert.

Interessant ist auch ein gemeinsames Projekt mit Nobelpreisträger Muhammad Yunus, der als Erfinder der Mikrokredite gilt. Yunus propagiert die Idee sogenannter Sozialunternehmen, bei denen die Erzielung von Gewinnen nicht im Vordergrund steht. Dabei setzt er auch auf gemeinsame Unternehmen mit internationalen Großkonzernen. Zusammen mit Danone entstand so ein Projekt, bei dem Joghurt in Bangladesch hergestellt und möglichst kostengünstig verkauft wird. Das soll die Ernährung verbessern und Arbeitsplätze im Land schaffen. Es gab einige Anlaufschwierigkeiten, weil es gar nicht so einfach war, wenigstens kostendeckend (und so sollen laut Yunus auch Sozialunternehmen arbeiten) zu einem Preis zu produzieren, den sich dann auch genügend arme Leute leisten konnten. Für Danone ist dieses Sozialunternehmen sicher nur ein winziger Geschäftsbereich – und ein Aushängeschild. Das Projekt ist durchaus umstritten, ebenso wie der Ansatz von Yunus insgesamt, trotzdem ist es einen Versuch wert.

Insgesamt schneidet Danone wegen seines Produktmix und der Bemühungen in der Landwirtschaft etwas besser ab als andere große Lebensmittelkonzerne. Daraus resultiert die Bewertung mit drei Sternen. Das sollte aber nicht den Blick verstellen für die Probleme der gesamten Branche, die oft mehr Bedarf an Logistik und Verpackungen erzeugt, als bei einer einfacheren, weniger industriell geprägten Ernährung vorzugsweise mit regionalen Produkten nötig wäre.

Deutsche Bank

Die Herren des Universums

Bewertung: *
Weitere Marken: Deutsche Postbank, DWS, Norisbank
Bilanzsumme: 2,2 Billionen Euro (2,7 Bill. Franken)
Gewinn: 4,3 Milliarden Euro (5,2 Mrd. Franken)
Beschäftigte: 100 996
Sitz: Frankfurt am Main
Rating: Oekom Research C und Prime Status, Sustainalytics
Dax-Ranking Platz 24, Wegreen-Ampel rot

Bei vielen Unternehmen ergeben sich ethische Probleme nur aus der Art und Weise, wie sie im Einzelnen arbeiten. In manchen Fällen stellt aber schon das Geschäftsmodell ein grundsätzliches Problem dar. Die Deutsche Bank ist ein Paradebeispiel dafür. Daraus begründet sich auch die Bewertung mit nur einem Stern.

Josef Ackermann, der ehemalige Konzernchef, hat dieses Geschäftsmodell so definiert: Die Bank will nicht so sehr Risiken selbst übernehmen, sondern sie lieber »transformieren«. Das bedeutet: Sie nimmt Kunden Risiken ab, arbeitet sie um und reicht sie an andere Kunden weiter. Ein Beispiel: Ein Konzern, der mit Weizen handelt, möchte sich feste Verkaufspreise sichern, um seinen Gewinn besser kalkulieren zu können. Die Bank garantiert ihm daher feste Preise. Dann legt sie ein Weizen-Zertifikat auf – ein spezielles Wertpapier – und verkauft es an ihre Privatkunden. Mit diesem Papier können die Kunden auf steigende Weizenpreise spekulieren – aber sie verlieren Geld an die Bank, wenn der Weizenpreis sinkt. Und so ist die Bank das Risiko wieder losgeworden.

Dieses Beispiel zeigt vereinfacht, wie das Geschäftsmodell der Bank funktioniert – und das anderer Investmentbanken. Gerade in den Jahren vor der Finanzkrise, die 2008 ihren Höhepunkt erreicht hat, galten diese Banken als »Herren des Universums«. Sie haben nahezu alles, was es an Risiken auf den Finanz- und Rohstoffmärkten gibt, übernommen, umgearbeitet, neu sortiert, in komplizierten Produkten versteckt – und am Ende sind diese Risiken irgendwo anders in der Welt gelandet. Diese Risiken sind sehr unterschiedlicher Natur: Es können Aktienkurse sein, Rohstoffpreise, Ausfallrisiken von Baukrediten oder die Gefahr, dass sich Zinsen anders entwickeln als erwartet. Gelandet sind diese Risiken zum Teil bei Privatanlegern, in Fonds und Zertifikaten, speziellen Produkten wie »Aktienanleihen« und Ähnlichem.

Die große Finanzkrise, die 2008 ihren Höhepunkt erreichte, entstand vor allem dadurch, dass Risiken aus amerikanischen Baukrediten auf diese Weise weltweit bei Banken landeten, die sie völlig unterschätzt haben und dann in die Knie gingen, als diese Kredite faul wurden. Die Investmentbanken, die das ganze System erfunden haben, waren aber nie bereit, für ihren Anteil an diesem Desaster die Verantwortung zu übernehmen. Einige Geldhäuser haben immerhin beschlossen, sich aus dem Investmentbanking zurückzuziehen – auch aus rein geschäftlichen Gründen, weil die Finanzaufsicht dort jetzt mehr Auflagen macht und die Renditen nicht mehr so hoch sind. Die Deutsche Bank will dies aber als Chance nützen, ihren Marktanteil noch zu erhöhen.

Das Geschäftsmodell dieser Banken beruht auf einer Grundannahme, die Ackermann auch hin und wieder formuliert hat: dass Anleger immer nur so viel Risiko eingehen, wie sie auch verkraften können. Eine zweite Grundannahme kann man noch hinzufügen: dass es keine allzu übertriebene Spekulation gibt. Aber die Finanzkrise hat diese Annahmen hinweggefegt. Und die Finanzbranche hat darauf bisher keine wirkliche Antwort gefunden.

Das bedeutet: Das Geschäftsmodell, Risiken zu »transformieren«, beinhaltet grundsätzliche ethische Probleme. Denn eine Bank, die damit ihr Geschäft macht, ist gezwungen, Kunden zu finden, denen sie Risiken aufschwatzen kann. Es bedeutet auch, dass diese Banken Märkte schaffen müssen, auf denen es dann zu gefährlichen Spekulationen kommt – selbst Wissenschaftler warnen inzwischen, wie das »Handelsblatt« im Oktober 2011 berichtete, vor den Gefahren, die von hoch komplexen »Finanzinnovationen« ausgehen.

Nehmen wir das Eingangsbeispiel mit dem Weizen: Um sichere Preise bieten zu können, werden Anleger angelockt, in Weizen zu investieren. Dadurch entsteht aber immer wieder eine spekulative Welle, die Preise steigen weit über jedes normale Maß hinaus – und die Bevölkerung in den armen Ländern kann sich plötzlich kein Brot mehr leisten. Die Deutsche Bank ist daher von der Organisation Foodwatch kritisiert worden und hat versprochen, wenigstens keine neuen Fonds mit derartigen Rohstoffen mehr aufzulegen. Oxfam hat 2012 die Summe, die die Bank im Vorjahr in Agrarrohstoffe investiert hat, mit knapp 4,6 Milliarden Euro beziffert.

Es würde den Rahmen dieses Kapitels sprengen, alle Vorwürfe oder auch Prozesse aufzuzählen, mit denen die Bank in den vergangenen Jahren konfrontiert worden ist; so soll sie zum Beispiel nach Berichten vom Dezember 2011 auch an der Manipulation des Handels mit Luftverschmutzungsrechten beteiligt gewesen sein. 2012 gibt es einen gewaltigen Skandal mit manipulierten Zinsen in London. Die Deutsche Bank wird danach wegen einer möglichen Verstrickung von den Behörden untersucht.

Ein Beispiel soll genauer dargestellt werden. Die Bank hat – nicht als einzige, aber häufiger als die meisten Konkurrenten – deutschen Städten sogenannte Zinsdifferenzgeschäfte angeboten. Dabei handelt es sich um nichts anderes als eine Wette darauf, dass sich die Zinsen in eine bestimmte Richtung entwickeln. Es liegt nahe, dass mit diesen Geschäften Risiken weitergereicht wurden, die die Bank von anderen Kunden, etwa Großinvestoren, übernommen hat. Die Geschäfte waren so gestrickt, dass sie der jeweiligen Stadt einen gewissen Gewinn einbrachten, wenn alles gut lief. Wenn es völlig anders kam als erwartet, konnten aber hohe Verluste entstehen. Und genau das ist bei vielen Städten passiert. Die Bank hat darauf verwiesen, es sei die Sache der Stadtkämmerer, ob sie solche Geschäfte abschließen wollten oder nicht. Nur: Jeder weiß, dass es nicht die Aufgabe einer Stadt sein kann zu spekulieren. Jeder weiß auch, dass nicht der Stadtkämmerer das Risiko trägt, sondern alle Bürger der Stadt. Inzwischen hat die Bank wegen dieser Geschäfte eine ganze Reihe Gerichtsurteile gegen sich kassiert und Vergleiche abgeschlossen. In einem besonders drastischen Fall hat sie zusammen mit den Partnern Depfa, JP Morgan und UBS auf ihrer Seite und der Stadt Mailand auf der anderen Seite nach einem derartigen Geschäft einen Vergleich über insgesamt fast eine halbe Milliarde Euro abgeschlossen.

Deutsche Telekom

Die Tücken der Volksaktie

Bewertung: **
Weitere Konzernmarken: T-Mobile, T-Online
Umsatz: 58,7 Milliarden Euro (71,4 Mrd. Franken)
Gewinn: 670 Millionen Euro (815 Mill. Franken)
Beschäftigte: ca. 236 000
Sitz: Bonn
Rating: Oekom Research B- und Prime Status, SAM Bronze,
Sustainalytics Dax-Ranking Platz 8, Wegreen-Ampel gelb

Die Deutsche Telekom ist, wie viele Konkurrenten weltweit, aus der staatlichen Post hervorgegangen. Damit gehört sie zu einer Anzahl von Branchen, deren Geschäft früher in erster Linie vom Staat betrieben wurde, aber nach und nach auf mehr oder minder private Betriebe übergegangen ist. Neben der Telekommunikation gehören dazu die Energieversorgung und ein Teil der Logistik (Briefe, Päckchen, Pakete). Außerdem sind in vielen Staaten auch Banken und Versicherungen zum Teil in staatlicher Hand oder stehen unter verstärkter staatlicher Kontrolle.

Wenn derartige Staatsunternehmen privatisiert werden, dann gelten die entsprechenden Anteilsscheine oft als »Volksaktien«. Dies war auch bei der Telekom der Fall, die 1996 an die Börse ging und dafür eine riesige Werbetrommel rührte. Sie engagierte unter anderem den populären Schauspieler Manfred Krug, der aus der DDR stammte und nun für den real existierenden Volkskapitalismus warb. Die Anteilsscheine wurden »T-Aktie« getauft und so zu einer eigenen Marke hochstilisiert.

Es geschah, was bei so viel Wirbel geschehen musste: Die Aktie wurde zeitweilig über jedes vernünftige Maß hinaus hochgejubelt und sorgte mit dem Absturz für bittere Enttäuschung. Dazu trug auch die weit überteuerte Ersteigerung von Mobilfunk-Lizenzen bei, mit denen der Staat, der immer Hauptaktionär blieb, sich auf Kosten seines eigenen Unternehmens bereicherte. Außerdem gab es jahrelang einen Streit über die Bilanzierung von Immobilien, durch die sich zahlreiche Anleger getäuscht sahen. Die Sache löste einen Prozess aus, der rund zehn Jahre nach den Vorfällen immer noch nicht beendet war. Geklagt haben immerhin rund 16 000 Anleger – das Verfahren hat Geschichte gemacht. Im Mai 2012 unterliegen die Anleger vor Gericht, einer der Rechtsanwälte kündigt aber sofort Revision an.

So hat die Telekom, wenn es um Vorwürfe oder allgemein um das Thema Ethik ging, vor allem mit ihren eigenen Aktionären Probleme. Diese Auseinandersetzungen sind weitaus spektakulärer als Streitigkeiten mit Kunden, Arbeitnehmern oder Konkurrenten – Letztere halten sich eher im üblichen Rahmen.

Die Deutsche Telekom ist ein Musterbeispiel für eine Problematik, die häufig übersehen wird: Unternehmen, die aus Staatsbesitz privatisiert werden, gelten bei den Bürgern zu Unrecht als besonders vertrauenswürdig. Tatsächlich bergen sie aber zusätzliche Risiken gegenüber »normalen« Aktiengesellschaften. Denn welche Art von Unternehmen wird denn privatisiert? Meist sind es Konzerne, die lange Zeit von einer Position als Monopolist profitiert haben. Mit der Privatisierung werden in der Regel auch diese Monopole aufgebrochen. In der Folge schwinden die Marktanteile des einstigen Riesen. Außerdem gibt es ein eigenes Regulierungsrisiko: Eine Behörde oder meist ein Gericht muss immer wieder entscheiden, zu welchen Bedingungen der große Konzern neuen, kleineren Konkurrenten zum Beispiel die eigenen Leitungen zur Verfügung stellen muss. Je nachdem, wie das geregelt wird, kann der Gewinn plötzlich deutlich höher oder niedriger ausfallen.

Die Telekom leidet so auch seit Jahren darunter, dass ihre geschäftliche Basis still und leise wegschmilzt. Sie schüttet zum Teil mehr Gewinn aus, als sie erwirtschaftet, löst sich also tendenziell mehr und mehr auf. Die Aktionäre können sich zwar über die hohen Ausschüttungen freuen – aber nicht über den notorisch schwachen Kurs, der dieses langsame Abschmelzen widerspiegelt.

Nachdem in diesem Kapitel bisher ausnahmsweise die Perspektive der Aktionäre – viele davon sind Kleinanleger – im Vordergrund stand, fragt sich: Welche ethischen Probleme haben Telekom-Unternehmen generell? Sie halten sich, verglichen mit anderen Branchen wie Textil, Automobil oder Pharma, doch in Grenzen. Allenfalls das Thema Datenschutz kann schnell heikel werden. Und hier hat sich der deutsche Konzern einen handfesten Skandal geleistet, der ebenfalls jahrelang ein gerichtliches Nachspiel hatte. Im Jahr 2005 gibt es einen Insider, der regelmäßig Journalisten über interne Vorgänge informiert. Daraufhin lässt der Konzern überprüfen, mit wem die als Insider verdächtigten Personen telefoniert haben. Die Telekom nutzt also ihren technischen Wissensvorsprung, um ihren eigenen Interessen zu dienen. Betroffen sind insgesamt rund 60 Personen, darunter auch Aufsichtsräte, Betriebsräte und sogar ein Vorstand. Das ist nicht nur aus Gründen des Datenschutzes problematisch, sondern beschädigt auch das Prinzip der Pressefreiheit, weil so ja auch die betroffenen Journalisten überwacht werden. Das Topmanagement gibt allerdings bei der Aufarbeitung des Skandals an, von den Vorgängen nichts gewusst zu haben.

Weiterhin ist zu erwähnen, dass die Gewerkschaften im Jahr 2009 die amerikanische Telekom-Tochter beschuldigten, sie an ihrer Arbeit zu hindern. Die Telekom hält dagegen und betont, sie respektiere die in den USA geltenden Bestimmungen, im Übrigen sei ihre US-Tochtergesellschaft laut Umfrage ein beliebter Arbeitgeber.

Im Jahr 2010 gerät Telekom-Chef René Obermann ins Visier der Staatsanwaltschaft Bonn, weil es Vorwürfe gibt, Tochtergesellschaften der Telekom auf dem Balkan seien in Korruptionsskandale verwickelt. Obermann streitet aber jede Kenntnis derartiger Vorgänge ab.

Es gibt also einige Schatten auf der weißen Weste des Konzerns. Für die Bewertung mit nur zwei Sternen ist aber vor allem die vom Grundsatz her problematische Stilisierung der T-Aktie als Massenprodukt für unerfahrene Anleger ausschlaggebend, mit der die viele Privatleute Geld verloren haben.

Auf der anderen Seite schneidet der Konzern bei Öko-Ratings gut ab und wird zum Beispiel 2011 von Greenpeace als »Climate Leader« gelobt. Das liegt auch daran, dass er sehr detailliert und glaubwürdig über sein Engagement bei allen »grünen« und sozialen Themen berichtet. So bekommt er Anfang 2012 zusammen mit Henkel und Unilever eine Goldmedaille vom Bundesverband Verbraucher Initiative, basierend auf einem Fragebogen, den das Öko-Institut in Freiburg entwickelt hat.

dm

Ein Prozent Rendite reicht

Bewertung: ****
Bekannte Handelsmarken: Alverde, Balea
Umsatz: 6,17 Milliarden Euro (7,5 Mrd. Franken)
Beschäftigte: 39 079
Sitz: Karlsruhe
Rating: Wegreen-Ampel grün

Es gab in Deutschland in den vergangenen Jahren kaum eine
Branche, wo sich in der Wahrnehmung des Publikums die Welt
so deutlich in Gut und Böse geteilt hat wie bei den Drogerie-
märkten. Schlecker: Das waren die Bösen. Immer wieder wurden Geschichten vor allem über die schlechte Behandlung der
Mitarbeiter bekannt. Im Jahr 2012 lief das Unternehmen dann
auch auf Grund. Manche Kunden haben dort tatsächlich wegen
des schlechten Rufs nicht mehr eingekauft.

Dann gibt es die große Kette Rossmann. Die hat einen recht
guten, aber auch etwas neutralen Ruf. Und es gibt die dm-Dro-
gerien. Dieses Unternehmen und Götz Werner, der Gründer, das
sind die Guten im Land. Die »Süddeutsche Zeitung« zitiert
schon im März 2008 einen Vertreter der Gewerkschaft Verdi, der
Rossmann und dm als Gegensatz zu Schlecker nennt – und als
Beispiel für Unternehmen, die ihre Mitarbeiter fair behandeln.

Werner ist Anthroposoph. Die meisten Menschen wissen
nicht viel über diese Bewegung. Bekannt sind aber die Waldorf-
Schulen. Dann gibt es einige Unternehmen, die sich ausdrücklich auf anthroposophische Kosmetik und Medizin verlegt
haben, etwa Weleda und Dr. Hauschka. In Witten/Herdecke

sitzt zudem eine Hochschule, die aus der anthroposophischen Bewegung hervorgegangen ist, und in Bochum die GLS Bank.

Wer sich mit den Hintergründen der anthroposophischen Bewegung beschäftigt, stößt auf ein schwer verständliches und durchaus umstrittenes Gemisch aus Mystik, Philosophie und Religion. Auch die Waldorf-Pädagogik ist keineswegs über jeden Zweifel erhaben. Aber niemand kann den Anthroposophen absprechen, dass bei ihnen das Bemühen, mit Mensch und Natur achtsam umzugehen, eine große Rolle spielt. Und das prägt offenbar auch die Atmosphäre bei dm.

In einem Artikel vom März 2012 im »Handelsblatt« heißt es leicht ironisch: »Es ist nicht die Sache jedes einzelnen Auszubildenden, während der Lehrjahre betriebsintern den Faust aufzuführen, weil das nach den Vorstellungen Werners die Persönlichkeitsbildung fördert.« Aber die Gewerkschaft Verdi finde die Art und Weise, wie sich das Unternehmen um die Mitarbeiter kümmere, schon »einzigartig«. So hat Werner bis 2008, als er die Geschäftsführung abgab, immer wieder seine Läden besucht, sich aber jedes Mal vorher angemeldet: Unangenehme Überraschungsbesuche waren nicht seine Sache.

Werner hat auch geäußert, dass er sich mit einer Umsatzrendite von rund einem Prozent zufriedengibt und alles, was darüber hinausgeht, entweder den Mitarbeitern überschreibt oder den Kunden überlässt. Nun sind die Umsatzrenditen (also Gewinn in Prozent vom Umsatz) im deutschen Einzelhandel ohnehin nicht üppig, und man darf sie auch nicht mit der Eigenkapitalrendite (Gewinn in Prozent des Eigenkapitals) verwechseln. Trotzdem ist diese Selbstbeschränkung ein Signal: »Uns kommt es nicht nur aufs Geld an.«

Die Kette versucht zudem, sich beim Sortiment als umweltfreundlich zu präsentieren. Ein großer Teil der Waren wird in

Deutschland und der Schweiz hergestellt, was kurze Wege ins Geschäft ermöglicht. Alle Papierprodukte kommen möglichst weitgehend ohne frische Fasern aus, stammen also aus Wiederverwertung, das gilt jedenfalls für die Eigenmarken. Es gibt gute und sehr gute Testergebnisse von »Öko-Test«. Bei einer Honigsorte sind 50 Cent vom Preis für Bienenschutz reserviert. Der Rat für Nachhaltige Entwicklung hat dm 2011 einen Preis für die Berücksichtigung der Nachhaltigkeit in der Ausbildung verliehen. Außerdem kann man bei dm Ökostrom beziehen. Jedenfalls schafft es das Unternehmen durch die Atmosphäre im Laden und das Angebot, genau die recht kaufkräftige Mittelschicht anzusprechen, mit der man gute Geschäfte machen kann.

Keine gute Figur macht dm beim »Markencheck« der ARD vom Mai 2012. Das Unternehmen gibt dort an, nicht überblicken zu können, woher das Palmöl stamme, das in den Produkten verwendet wird, die es verkauft. Da Palmöl wegen der Rodungen des Urwalds in Indonesien, bei der zum Teil Menschen aus ihren Häusern vertrieben werden, ein sehr heikles Thema ist, wirkt diese Auskunft ziemlich schwach; auch wenn man zugeben muss, dass für einen Händler Lieferketten noch schwerer zu überschauen sind als für die Produzenten. Das Unternehmen nimmt später auf der Homepage ausführlicher Stellung zu der Sendung und weist darauf hin, dass praktisch in keinem Fall ein konkreter Bezug zwischen Missständen bei der Palmölproduktion und von dm vertriebenen Produkten festgestellt werden konnte. Es betont, Ziel sei es, Produkte zu verkaufen, die mit zertifiziertem Öl hergestellt seien, aber es sei nicht immer sicherzustellen, dass das Zertifikat auch verdient sei. Im Grunde heißt das auch nur: Wir wissen nicht so genau, wie gut unsere Produkte wirklich sind.

Das ansonsten positive, durch relativ wenig Kritik getrübte Image rechtfertigt die Bewertung mit vier Sternen. Auf der anderen Seite sollte man trotzdem nicht übersehen, dass hier ein sehr geschicktes Marketing am Werk ist. In einem »Handelsblatt«-Artikel vom Januar 2012 lobt zum Beispiel ein Experte den Einsatz von Facebook über den grünen Klee: Die Seite ist so gut gemacht und schafft es daher, Fans an sich zu binden, dass dm wahrscheinlich sogar negative Nachrichten recht gut und schnell überwinden könnte. Um die Kunden stärker an sich zu binden, bietet ihnen das Unternehmen beispielsweise an, sich als Produkttester zu bewerben.

Das Bild vom guten Götz Werner wird dadurch abgerundet, dass er 2010 seine Unternehmensanteile in eine Stiftung eingebracht hat, um so den Erhalt des Unternehmens, das er in den 70er-Jahren gegründet hatte, langfristig zu sichern. Seiner Glaubwürdigkeit kommt auch zugute, dass er in der Öffentlichkeit für das Konzept eines bedingungslosen Grundeinkommens wirbt. Damit soll die Würde des Menschen unabhängig von seiner Erwerbssituation gesichert werden. Auch über dieses Konzept kann man trefflich streiten, weil es, um finanzierbar zu bleiben, letztlich mit der Streichung vieler gewohnter Sozialleistungen verbunden wäre. Aber Werner zeigt so, dass er aus Überzeugung handelt, und das strahlt auch auf das Unternehmen aus, das er gegründet hat.

Facebook

Die Illusion der Freundschaft

Ohne Bewertung
Weitere Marken: Instagram
Umsatz: 3,7 Milliarden Dollar (2,7 Mrd. Euro, 3,5 Mrd. Franken)
Gewinn: 1,0 Milliarden Dollar (772 Mill. Euro, 940 Mill. Franken)
Beschäftigte: rund 4000
Sitz: Menlo Park
Rating: Wegreen-Ampel rot

Wenn eine neue Welt entsteht, gibt es auch neue ethische Probleme. Mit dem Internet ist eine neue Welt entstanden – zusätzlich zu der bereits bekannten. Mit sozialen Netzwerken – und da steht Facebook ganz weit vorn – ist innerhalb dieser neuen Welt noch einmal eine eigene Welt entstanden. Wie benimmt man sich in dieser Welt? Was ist dort erlaubt, was unangemessen? Sind Facebook-Freunde wirklich Freunde? Wie viel teilt man von sich mit, und was geschieht mit diesen Informationen? Alle diese Fragen sind heiß umstritten.

Facebook informiert, wenn man sich an die richtige Stelle durchgeklickt hat (anfangen rechts unten auf der Seite), sehr offen darüber, welche Informationen es sammelt und Werbekunden zur Verfügung stellt, um die Werbung »noch besser« zu machen. Dazu gehört zum Beispiel der GPS-Standpunkt des Nutzers. Werbekunden erhalten die Daten aber nicht personalisiert, heißt es. Facebook selbst behält Daten, die es von Kunden bekommt, für 180 Tage und depersonalisiert sie dann. Nach dem Löschen dauert es etwa 90 Tage, bis wirklich alle Daten weg sind.

Das Geschäftsmodell von Mark Zuckerbergs Unternehmen ist ebenso einfach wie genial. Facebook erzeugt eine Illusion von Freundschaft und verwischt so systematisch die Grenzen von privat und nicht privat. Auf diese Weise bekommt das Unternehmen Daten, an die andere nicht herankommen, und verkauft sie den Werbekunden.

Meinen Freunden kann ich doch Dinge mitteilen, die ich nicht jedem erzähle, oder? Und Freunde von Freunden sind praktisch auch Freunde, oder? Während bei anderen, mehr auf berufliche Fragen ausgerichteten Netzwerken wie Xing oder Linked-in noch relativ klar ist, dass man sich auf einer geschäftlichen oder bestenfalls kollegialen Ebene bewegt, verschwimmen bei Facebook die Grenzen völlig.

Entsprechend vielfältig ist die Nutzung von Facebook. Da sind Teenies unterwegs, die sich auf dem Weg wirklich nur mit engen Freunden unterhalten und praktisch in diesem Netzwerk zu Hause sind. Oder ältere Semester, die ihre Facebook-Seite wie eine Art Visitenkarte benutzen, aber sich mit ihren »Freunden« in der Regel doch noch auf andere Weise austauschen. Oder Politiker, die sich bei der Netzgemeinde beliebt machen und mit ihr kommunizieren wollen. Und natürlich Firmen, die Fan-Seiten gründen. Zum Teil mit kleinen Tricks, zum Beispiel so: Wer auf den Gefällt-mir-Knopf drückt, bekommt zusätzliche Informationen oder kleine Videos zu sehen – auf diese Weise kann man auch eine »Fan«-Gemeinde einsammeln. Immer häufiger gibt es auch Leute, die nicht nur auf ihrer Facebook-Seite die Freunde in enge und weniger enge sortieren, sondern gleich zwei Seiten anlegen, eine privat und die andere geschäftlich. Sie unterlaufen auf diese Weise die Strategie von Facebook, die gerade darauf hinausläuft, privat und geschäftlich zu vermengen.

Wie ist dieses Geschäftsmodell aus ethischer Sicht zu beurteilen? Nachdem eine Weile vor allem deutsche Datenschützer immer wieder Zuckerbergs Geschäftsgebaren kritisiert haben, bekommt er Ende 2011 auch von amerikanischen Behörden harte Auflagen mit dem Ziel, die Nutzung von Daten transparenter zu machen. Vor allem muss er sich verpflichten, künftig keine falschen oder irreführenden Angaben mehr zum Datenschutz zu machen und sich in dem Punkt auch einer externen Kontrolle zu unterwerfen.

Im Sommer 2012 lässt Facebook seine Nutzer über neue Bedingungen abstimmen, bekommt aber von ihnen eine Abfuhr. In diesem Zusammenhang profiliert sich als kritische Organisation »europe-v-facebook.org« – unter anderem mit der Forderung an den Konzern, sich einfach wie jeder andere an die bestehenden Gesetze zu halten.

Aber wie ist das Problem grundsätzlich einzuschätzen? Möglich sind zwei fundamental gegensätzliche Ansichten. Die eine lautet: Jeder ist selbst dafür verantwortlich, welche Informationen er ins Netz stellt – egal ob bei Facebook oder woanders. Und jeder weiß auch, dass Informationen, die einmal im Netz stehen, nicht mehr zu kontrollieren sind, weil sie jederzeit weitergeleitet oder kopiert werden können – »löschen« ist daher im Prinzip eine Illusion.

Bei dieser Sichtweise wird übersehen, dass sich gerade bei Facebook auch Kinder tummeln, denen das alles möglicherweise noch nicht so klar ist (und vielen Erwachsenen auch nicht). Zwar ist Facebook nicht der einzige Anbieter, der dazu verlockt, Informationen – zum Beispiel auch Fotos – freizugeben, ohne vorher genügend darüber nachzudenken. Aber die Verlockung ist hier, wegen der Illusion der Freundschaft (manchmal sind es ja auch echte Freundschaften), besonders groß.

Die andere Sichtweise, die zum Teil von deutschen Daten-schützern und Politikern vertreten wird, geht in die Richtung zu sagen: Nur Daten, die explizit zur Weitergabe freigegeben wer-den, dürfen auch verwendet werden. Bei dieser Einstellung kommen freilich zwei Gesichtspunkte zu kurz. Erstens können Daten im Internet letztlich nie vor der Weitergabe geschützt werden. Außerdem muss ein Unternehmen wie Facebook ja auch Geld verdienen, um den Service anbieten zu können, den offensichtlich eine Menge Menschen schätzen. Wer den Daten-schutz ganz streng nimmt, der muss im Endeffekt das Internet abschalten oder sich persönlich daraus fernhalten – aber wer will das schon?

Die meisten Standpunkte zum Thema Facebook liegen zwi-schen den beiden oben genannten extremen Haltungen. Ich per-sönlich glaube, dass sich die Leute an Facebook und ähnliche Dienste gewöhnen werden und dass die Eltern ihre Kinder über Gefahren in dem Bereich dann genauso aufklären, wie sie es auch bei anderen Themen tun, die viel gefährlicher sind, wie etwa beim Straßenverkehr. Weil das Unternehmen und die Diskus-sion über seine Geschäftspolitik noch so jung sind, möchte ich aber in diesem Fall auf eine Bewertung mit Sternen verzichten.

Ein ethisches Problem der anderen Art stellt der Börsengang im Mai 2012 dar: Der Ausgabepreis der Aktie wird im letzten Moment noch erhöht, prompt sackte das Papier kurz nach dem Start der Börsennotiz kräftig ab. Offenbar nutzt man hier die Popularität des Unternehmens, um den Preis auszureizen – und treibt damit unerfahrene Anleger in die Verluste. Ethisch gespro-chen kann man da nur sagen: »Gefällt mir nicht.«

Google

Die Vermessung der Welt

Bewertung: ****
Weitere Marken: YouTube
Umsatz: 37,9 Milliarden Dollar (29,3 Mrd. Euro, 35,6 Mrd. Franken)
Gewinn: 9,7 Milliarden Dollar (7,5 Mrd. Euro, 9,1 Mrd. Franken)
Beschäftigte: 32 467
Sitz: Montain View
Rating: Oekom Research C und Prime Status,
Wegreen-Ampel gelb

Es gibt kaum ein Unternehmen, das die Welt so verändert hat wie Google. Das zeigt schon die Sprache: Googeln ist für viele Menschen eine der häufigsten Beschäftigungen. Und trotz aller bildungsbürgerlichen Vorurteile gegen das Internet, die es immer noch gibt, muss man feststellen: Es hat in unglaublicher Weise Wissen verfügbar gemacht – für jedermann oder jedenfalls jeden, der in einem entwickelten Land lebt und gesunde Augen hat. Und niemand hat diese Verfügbarkeit so sehr vorangetrieben wie Google – erwähnen sollte man allerdings in diesem Zusammenhang auch noch Wikipedia als nicht kommerzielles Unternehmen. Der Nutzen, den das Unternehmen stiftet, ist also extrem hoch. Das gilt eingeschränkt auch für den Ableger YouTube, der die Welt mit Tönen und bewegten Bildern für jedermann zugänglich macht.

Die Frage, wie das Unternehmen ethisch zu bewerten ist, ist sehr komplex. Hier taucht ein ähnliches Problem auf wie bei Facebook: Wer den Umgang mit Daten sehr locker sieht, kann kaum etwas Schlechtes entdecken und dürfte problemlos vier

Sterne als Bewertung vergeben. Wer dagegen Datenschutz nicht für ein Hobby von »Beauftragten« hält, wird möglicherweise zu einer ganz anderen Einschätzung kommen.

Aber es gibt auch gravierende Unterschiede zu Facebook. Einmal ist niemand gezwungen, sich beim Netzwerk Facebook anzumelden. Wer ohne Google leben will, kann dagegen zwar auf eine andere Suchmaschine wie Bing ausweichen. Aber ganz ohne Suchmaschine auszukommen, ist in den meisten Berufen und auch privat viel undenkbarer, als ohne soziales Netzwerk zu leben. Und nebenbei gesagt: Der Konkurrent Bing gehört zu Microsoft – also einem Konzern, der auch fürs Datensammeln bekannt ist. Kurz gesagt: Google ist unverzichtbarer und nützlicher als Facebook.

Google stößt wegen seiner starken Position immer wieder auf Kritik. Der Konzern hat nicht nur extrem hohe Marktanteile als Suchmaschine. Die Frage, wie schnell eine Website durch Google zu erreichen ist, kann über deren Überleben entscheiden. Kein Wunder, dass immer wieder Gerüchte auftauchen, Google manipuliere seinen berühmten Algorithmus, um bestimmte Inhalte zu bevorzugen oder zu benachteiligen. Im Frühjahr 2012 gibt es sogar ein Verfahren der EU wegen des Verdachts, der Konzern bevorzuge bei der Anzeige von Inhalten gezielt eigene Angebote – was er freilich zurückweist.

Die Macht von Google geht so weit, dass die statistische Auswertung der Seiten dort offiziell als Prognoseinstrument angeboten wird. Auch die Frage, ob klassische Medien überleben, hängt zum Teil von der Suchmaschine ab: Sie bestimmt, welche Texte gelesen werden, und sie veröffentlicht indirekt praktisch auch Texte, die andere geschrieben haben. Anfang 2012 startet in Deutschland eine Initiative der Politik, mit dem Ziel, den Verlagen wenigstens einen Erlös an den Inhalten zuzubilligen, die

Google abgreift. Denn anders als E-Books sind Zeitungstexte im Internet weitgehend gratis verfügbar und können daher von Google per Link auch recht problemlos genutzt werden, um die eigene Seite anzureichern. Die klassischen Medien stecken damit in einer Zwickmühle: Auf der einen Seite bemühen sie sich, bei Google möglichst weit »oben« zu stehen, um hohe Klickzahlen zu bekommen, die für ihr eigenes Werbegeschäft entscheidend sind. Auf der anderen Seite werfen sie Google vor, das Werbegeschäft mit fremden Inhalten zu betreiben.

Eine große Macht stellt auch die Google-Tochter YouTube dar. Musiker kommen heute kaum noch daran vorbei, ihre Songs dort zu vermarkten, weil sie sonst gar nicht mehr wahrgenommen werden. Aber diese Vermarktung sieht auch so aus, dass die Musiker ihre Inhalte gratis zur Verfügung stellen und YouTube das Geschäft damit macht.

Die Sache geht noch weiter. Im Grunde versucht Google, die gesamte Welt zu vermessen. Google Earth bietet den Blick von oben, Google Maps allseits verfügbare Landkarten, Google Street View den Blick über den Gartenzaun, Google Books den Blick in Bücher. Ständig sind die cleveren Strategen des Unternehmens auf der Suche nach neuen Bereichen, die sie noch »organisieren« und den Nutzern – und den Werbekunden – zugänglich machen können. In der Regel läuft das so, dass Google erst zugreift und allenfalls nach Protesten bereit ist, sich Fragen und Kritik zu stellen. Hier ballt sich also eine ungeheure Macht zusammen.

Google selbst argumentiert, dass es die Daten vor allem für seine normalen Nutzer sammelt und sie im Übrigen den Werbekunden weitgehend automatisch, also nicht manipulierbar, und in der Regel auch anonym zur Verfügung stellt. Das Unternehmen erklärt seinen Nutzern an Beispielen ganz übersichtlich und klar, wie das ablaufen kann. Wenn jemand etwa über das Mail-system von Google häufig Nachrichten zu Kameras bekommt, dann dürfte irgendwann am Rand Werbung zu Kameras auftauchen. Das allerdings, ohne dass die Werbekunden irgendwelche weiteren Informationen aus den Mails zugespielt bekämen.

Letztlich stellt sich bei Google ähnlich wie bei Facebook die Frage: Wird sich die Welt an diese Art von Datensammlung irgendwann einfach gewöhnen? Vielen Nutzern ist es heute schon ziemlich egal, wenn Daten oder auch Fotos von ihnen weltweit verfügbar sind. Es wäre also ebenso wie bei Facebook möglich, unter diesen unsicheren Voraussetzungen auf eine Bewertung zu verzichten. Nur: Der Nutzen, den Google weltweit durch die Verfügbarmachung von Daten stiftet, ist so immens, dass man ihn einfach nicht übersehen kann. Wegen dieses hohen Nutzens des Kerngeschäfts sind trotz der vielen problematischen Punkte daher vier Sterne zu rechtfertigen.

Nur ergänzend sei erwähnt, dass Google, weil der Konzern in seinen Servern eine riesige Datenmenge verarbeitet, auch ein ökologisches Problem hat: den hohen Stromverbrauch. Das Unternehmen geht dieses Problem nach eigenen Angaben systematisch an und hat es schon geschafft, den spezifischen Verbrauch auf etwa die Hälfte zu reduzieren. Dazu dient unter anderem eine höhere Betriebstemperatur, die entsprechend weniger stromfressende Kühlung nötig macht.

Henkel

Weiß und grün

Bewertung: ****
Bekannte Marken: Dixan, Fa, Pattex, Persil, Perwoll, Ponal, Pril,
Pritt, Schwarzkopf, Somat, Weißer Riese
Umsatz: 15,6 Milliarden Euro (19,0 Mrd. Franken)
Gewinn: 1,3 Milliarden Euro (1,6 Mrd. Franken)
Beschäftigte: 47 265
Sitz: Düsseldorf
Rating: Oekom Research B und Prime Status, SAM Sector Leader
und Sector Mover, Sustainalytics Dax-Ranking Platz 2,
Wegreen-Ampel grün

Nur wenige Marken schaffen es, in den Sprachgebrauch der Politik einzugehen. Bei Persil ist das der Fall. Die alte deutsche Waschmittelmarke steht so sehr für »weiß«, dass sie zum Synonym für die moralisch weiße Weste wurde. Wer bescheinigt bekommt, sich korrekt verhalten zu haben, hat damit einen »Persil-Schein« erhalten, wie die Redewendung, nicht ohne einen ironisch-abfälligen Unterton, lautet. Sie kam vor allem nach dem Zweiten Weltkrieg auf, als viele Deutsche eine offizielle Bescheinigung brauchten, keine Nazis gewesen zu sein. In den letzten Jahren ist sie seltener zu hören.

Was für Waschmittel lange Zeit die Farbe Weiß war, ist für den ganzen Bereich von CSR, Verantwortung und Nachhaltigkeit, die Farbe Grün. Daher gibt es heute, mit ähnlichem Unterton wie beim »Persil-Schein«, das böse Wort vom »Greenwashing«. Gemeint ist damit, dass mit viel PR ein eigentlich belastendes Produkt als besonders umweltfreundlich dargestellt wird.

Man sollte Henkel kein »Greenwashing« unterstellen. Aber ein moderner Konsumgüterkonzern muss den Kunden beides glaubhaft machen: Die Wäsche wird weiß, aber das Produkt ist auch umweltverträglich. Ökowaschmittel, die nur mit Abstrichen beim Waschergebnis auskommen, wären allenfalls ein Nischenmarkt. Es weiß zwar inzwischen fast jeder, dass Farben auch künstlich aufgehellt und Grauschleier nicht nur weggewaschen, sondern quasi auch weggefärbt werden. Aber dennoch mag kaum jemand darauf verzichten. Deswegen müssen Waschmittel heute weiße und grüne Qualitäten zugleich haben.

Waschmittel belasten die Umwelt vor allem auf zwei Wegen: einmal durch das Abwasser, dann durch die Energie, die sie benötigen, um zu wirken. Früher stand das Thema Abwasser im Vordergrund. Die Mittel enthielten Phosphate, die zur Überdüngung von Flüssen und Seen beitrugen. Dieses Thema hat sich weitgehend erledigt, seit in den 80er-Jahren Phosphate aus Waschmitteln verbannt wurden. Henkel führte 1986 Persil phosphatfrei ein und gehörte damit zu den Vorreitern – jedenfalls unter den großen Konzernen. Das Unternehmen selbst schreibt auch, dass seit den 50er-Jahren lange Zeit schwer abbaubare Tenside für Schaumkronen auf Gewässern gesorgt haben – dieses Problem ist inzwischen aber auch eingedämmt. Es gibt aber immer noch Belastungen. So schreibt »Ökotest« im Jahrbuch 2011: »Wenn die Wäsche nach dem Waschen strahlt, dann liegt es auch an den optischen Aufhellern, die dafür sorgen, dass die Wäsche weißer scheint, als sie ist. Diese kleine optische Täuschung ist für die Umwelt eine ordentliche Belastung, da optische Aufheller schwer abbaubar sind. Alle Waschpulver enthalten diese Substanzen.« Ähnliches gilt für Parfüm. Wer auf große Marken zurückgreift, wird allerdings kaum an Aufhellern vorbeikommen.

Heute wird beim Thema Gewässerbelastung eher die Landwirtschaft genannt als die Waschmittelproduzenten. Allerdings gibt es immer noch ein Problem: Spülmaschinen. So schreib der Informationsdienst Wissenschaft im Januar 2012: »Um der Überdüngung von Gewässern entgegenzuwirken, sind Textilwaschmittel in Deutschland seit den 1990er-Jahren phosphatfrei. Anders sieht es bei Maschinengeschirrspülmitteln aus: Die meisten Produkte enthalten über 30 Prozent Phosphate, und die wenigen phosphatfreien Tabs schnitten bei der Stiftung Warentest bei der Waschwirkung schlecht ab.« Dieses Problem betrifft auch Henkel mit dem Fabrikat Somat – das es allerdings auch in einer phosphatfreien Form gibt. Und dieses Problem wird häufig übersehen, wenn man Spülen mit der Hand und mit der Maschine vergleicht.

Bleibt das Thema Energie. Und hier bemühen sich Waschmittelhersteller, Textilkonzerne und die Anbieter von Waschmaschinen gleichermaßen um Einsparungen. Die Devise heißt: mit niedrigeren Temperaturen waschen. So auch bei Henkel: Das neue Persil soll schon bei 20 Grad funktionieren.

Auffällig ist: Nur wenige Unternehmen bekommen so gute Noten für ihr Engagement wie Henkel. Die Skala von Oekom Research fängt zwar bei A an, aber ein glattes B ist schon ein herausragender Wert. Bei SAM sind die Düsseldorfer in der obersten Klasse angesiedelt: »Sector Leader« ist noch mehr als Gold. Und der zweite Platz von 30 bei Sustainalytics kann sich auch sehen lassen. Anfang 2012 bekommt der Konzern zusätzlich noch eine Goldmedaille vom Bundesverband Verbraucher Initiative, und zwar gleich für zwei Branchen, nämlich Körperpflege und Heimwerkermaterial. Allein diese guten Urteile legen schon eine Bewertung mit vier Sternen nahe. Zu den guten Ratings tragen sicher auch die sehr gut gemachten Nachhaltigkeitsberichte von Henkel bei. Der Konzern hat sich zum Ziel gesetzt, das Verhältnis aus ökologischer Belastung zur wirtschaftlichen Wertschöpfung bis 2030 auf ein Drittel zu reduzieren. Negativ fällt lediglich auf, dass Henkel sich offenbar erst sehr spät mit Kontrollen von Zulieferern beschäftigt hat. Allerdings sind aus dieser Branche auch keine Probleme bekannt, wie sie für Textilunternehmen sonst typisch sind. Für die eigenen Werke existiert zudem offenbar ein eingespieltes Verfahren, um Sozialstandards zu sichern.

Die ökologische Seite der Produktion wird sehr gut erklärt und im Detail mit Zahlen belegt. Der Konzern senkt nicht nur den Energieverbrauch in der Produktion. Er erhöht nach eigenen Angaben auch den Anteil nachwachsender Rohstoffe bei Seifen, Shampoos und Duschgelen und ersetzt so Stoffe, die aus Erdöl gemacht werden. Bei bestimmten Verpackungen soll rund ein Viertel aus recycelten Stoffen hergestellt werden.

Vorwürfe aus Verbrauchersicht gibt es im Jahr 2011. Die Verbraucherzentrale Hamburg listet eine Menge Waschmittel auf, darunter auch Varianten von Persil und Weißer Riese, bei denen es zu einer verdeckten Preiserhöhung durch Reduzierung der Füllmenge gekommen sei. Außerdem ist Henkel in den letzten Jahren in zwei Kartellverfahren, in Frankreich und in Deutschland, verwickelt.

Ganz weiß ist die Weste von Henkel also keineswegs – aber auch nicht grau genug, um angesichts der insgesamt überzeugenden Strategie im Umweltbereich eine gute Bewertung zu verhindern.

Hennes & Mauritz

Klare, anschauliche Kommunikation

Bewertung: **

Umsatz: 110,0 Milliarden Kronen (12,3 Mrd. Euro, 15,0 Mrd. Franken)

Gewinn: 15,8 Milliarden Kronen (1,8 Mrd. Euro, 2,2 Mrd. Franken)

Beschäftigte: ca. 94 000

Sitz: Stockholm

Rating: Oekom Research C+ und Prime Status, SAM Sector Mover, Wegreen-Ampel gelb

Der schwedische Konzern Hennes & Mauritz ist ein Musterbeispiel für die beiden Seiten der Globalisierung. Auf der einen Seite verkauft er hübsche Kleidung sehr billig. Viele Teenager oder junge Frauen auch aus gut betuchten Haushalten kleiden sich dort ein. Denn wenn die Preise niedrig sind, kann man sich häufiger mal was Neues kaufen.

Auf der anderen Seite produziert H&M fast alles in Ländern mit Niedriglöhnen. Dabei fällt immer wieder ein Name: Bangladesch. Die Clean Clothes Campaign, die sich weltweit für die Rechte der Arbeiter und Arbeiterinnen in der Textilindustrie einsetzt, hat die Verhältnisse dort immer wieder kritisiert. Im Jahr 2012 berichtet sie, dass ein Aktivist für Arbeitsrechte, Aminul Islam, in der Hauptstadt Dhaka ermordet und mit offensichtlichen Anzeichen von Folter aufgefunden wurde. Im Juni desselben Jahres prangert sie an, dass Beschäftigte nach Protesten gegen ihre schlechten Arbeitsbedingungen gefeuert worden seien.

Im Januar 2012 bringt das deutsche Fernsehen (ARD) einen »Markencheck« zu H&M. Die Redakteurin zeigt einer zwölfjährigen Arbeiterin, die 16 Stunden am Tag arbeiten muss, und einer Vorarbeiterin einzelne Kleidungsstücke, die diese sofort H&M zuordnen können. Der Betrieb behauptete allerdings, gar nicht für die Schweden zu produzieren. Und der schwedische Konzern äußert sich ähnlich. Außerdem verweist er darauf, er habe mit dazu beigetragen, den gesetzlichen Mindestlohn auf umgerechnet rund 30 Euro zu verdoppeln – räumte allerdings ein, auch das reiche kaum zum Leben. Im Januar 2011 kritisiert die »Wirtschaftswoche«, dass H&M aus Wettbewerbsgründen verschweige, wo produziert wird. Damit wird aber ein guter Teil der Bemühungen, sich ein sauberes Image zu geben, infrage gestellt, weil die Transparenz fehlt. Die Gewerkschaft Verdi fordert im Mai 2012 H&M auf, sich an einer Initiative des Bekleidungskonzerns PVH (zu dem unter anderem Calvin Klein und Tommy Hilfiger gehören) zu beteiligen, der sich für bessere Arbeitsbedingungen in Bangladesch einsetzt und dafür Konkurrenten als Mitstreiter sucht. H&M selbst hat bereits 2011 eine Konferenz in Dhaka abgehalten, unter anderem mit dem Ziel, die Bildung von Betriebsräten zu fördern.

In Deutschland gab es allerdings immer wieder Streit mit den Gewerkschaften. Sie werfen 2008 dem Unternehmen vor, die Gründung von Betriebsräten zu behindern. Und 2011 kommt es sogar zum Prozess wegen einer Funktion in Telefonapparaten, die angeblich das Mithören von Gesprächen ermöglicht. Der Konzern weist die Vorwürfe jeweils zurück.

Immerhin: Die Aufbereitung des Nachhaltigkeitsberichts ist vorbildlich. Die Arbeit der Kontrolleure in den Zulieferbetrieben wird sehr gut an praktischen Beispielen dargestellt. Man sollte eine klare Kommunikation nicht gleich als reines »Greenwashing« abtun. Zumal verständliche Kommunikation ja auch gegenüber den Arbeitnehmern wichtig ist: So hat das Unternehmen nach eigenen Angaben seit 1998 mehr als 300 000 Beschäftigte in Bangladesch mit Filmen über ihre Rechte aufgeklärt.

Helena Helmersson, die Chefin des CSR-Bereichs, behauptet zudem, die niedrigen Preise im Endverkauf seien nicht automatisch mit schlechten Arbeitsbedingungen verbunden. Nach ihrer Darstellung wird häufig bei denselben Zulieferern zu ganz ähnlichen Bedingungen auch Ware für Konkurrenten produziert, die sie dann teurer verkaufen. Diese Argumentation unterstreicht freilich vor allem, wie wenig ohnehin vom Verkaufspreis bei den Näherinnen ankommt.

Schon 1997 hat H&M einen »Code of Conduct« eingeführt. Darin steht unter anderem, dass ein Zulieferer, der »Wanderarbeiter« von Vermittlern einstellt, die komplette Vermittlergebühr übernehmen muss. Das Problem der Kinderarbeit wird ausführlich dargestellt. So gibt es die Vorgabe, in Zweifelsfällen das Alter von Jugendlichen durch Ärzte schätzen zu lassen: Häufig fälschen diese ihr Geburtsdatum, um einen Job zu bekommen. Zu Recht heißt es, dass es oft aber keinen Sinn habe, diese Kinder einfach auf die Straße zu setzen. Man müsse Ausbildungsplätze finden, manchmal sei es auch möglich, ältere Geschwister anstelle der Kinder einzustellen, um das Einkommen für die Familie zu erhalten. In Dhaka hat H&M ein Ausbildungszentrum für Jugendliche eröffnet, das anfangs vor allem für entdeckte Kinderarbeiter gedacht war.

Bereits 1995 wurde eine erste Liste mit gefährlichen Chemikalien veröffentlicht, die nicht mehr verwendet werden dürfen. Pro Jahr werden rund 30 000 Chemikalientests durchgeführt, dabei geht es vor allem um die Hautverträglichkeit. Bis 2020 sollen alle gefährlichen Chemikalien verbannt werden. Hierzu haben sich H&M, C&A, Adidas, Puma, Nike und Ni Ling zusammengeschlossen.

H&M räumt aber auch ein, dass viele Probleme nicht gelöst sind. So gibt es gerade in Bangladesch viel Baumwolle aus Usbekistan. Die soll nicht mehr verwendet werden, seit dort Fälle von Kinderarbeit gemeldet wurden, aber der Konzern gibt zu, dass dies schwer zu kontrollieren sei.

Bis zum Jahr 2020 wollen die Schweden nur noch zertifizierte Baumwolle nach der Better Cotton Initiative (BCI) beziehen. Sie bezeichnen sich jetzt schon als einen der weltweit größten Einkäufer von Biobaumwolle (was noch mehr bedeutet als BCI) und von Bioleinen. Ausführlich erklärt wird auch, wie recyceltes Plastik zur Herstellung von Gewebe und Schmuck verwendet wird. Der Konzern verwendet wegen der dortigen schlechten Arbeitsbedingungen keine Seide und kein Leder aus Indien. Er verarbeitet nur Leder von Tieren, die der Fleischproduktion gedient haben. Und Fasern aus Lebensmitteln, etwa Bohnen, gelten den Schweden als »unethisch«.

Die Bewertung von H&M fällt schwer, weil die klaren Berichte über alle Probleme schon für es einnehmen. Auf der anderen Seite ist der Konzern mit seiner Produktion in Bangladesch und dem sehr günstigen Angebot in den reichen Ländern ein Symbol für die Schattenseite der Globalisierung: Deswegen bleibt es bei einer Bewertung von nur zwei Sternen.

Hipp

Alles bio im Fläschchen

Bewertung: ****

Umsatz: ca. 500 Millionen Euro (ca. 600 Mill. Franken)

Beschäftigte: ca. 2000

Sitz: Pfaffenhofen

Rating: Wegreen-Ampel grün

Fertige Babynahrung braucht man eigentlich überhaupt nicht. Jedenfalls im Normalfall: Ein Baby lebt in den ersten Monaten ohnehin am besten von der Muttermilch, und danach kann es Schritt für Schritt schon ganz normales Essen, natürlich entsprechend weich zubereitet, zu sich nehmen. In der menschlichen Evolution haben Gläschen mit Babynahrung keine Rolle gespielt.

Die stärkste Kritik ziehen große Konzerne wie Nestlé und Danone auf sich, wenn sie zu aggressiv in Schwellenländern für Muttermilchersatz werben und dadurch das Leben von Kindern gefährden, weil Mütter dort möglicherweise diese Produkte mit verdorbenem Wasser anrühren. Aber auch in Industrieländern gibt es immer noch die Diskussion übers Stillen: Wie wichtig ist es? Wie lange sollte man stillen? Wie gut oder schlecht ist Muttermilchersatz?

Auch die Firma Hipp ist immer wieder in diesem Zusammenhang angegriffen worden. So kritisiert »Öko-Test« Formulierungen wie »nach dem Vorbild der Muttermilch«. Nach einem Bericht der »Berliner Tageszeitung« vom November 2011 bemängelt die »Nationale Stillkommission am deutschen Bundesinstitut für Risikoforschung«, Werbung von Hipp widerspreche den Richtlinien der Weltgesundheitsorganisation, weil sie eine weitgehende Gleichheit von Muttermilch und entsprechenden Ersatzprodukten suggeriere. Konkret geht es um das Hipp-Produkt »Combiotik Pre«, das der Muttermilch »noch näher« gekommen sei. Hipp verteidigt sich gegen solche Kritik. Erstens, so heißt es, seien die behaupteten Eigenschaften auch wissenschaftlich zu belegen. Und zweitens würde die Formulierung »nach dem Vorbild« keineswegs eine Gleichheit von Muttermilch und Ersatz suggerieren. Hier bewegt man sich schon auf dünnem Eis – und das gilt für beide Seiten. Es ist richtig, dass Formulierungen wie »nach dem Vorbild« oder »noch näher«, wenn man genau hinschaut, keineswegs die gleiche Qualität wie Muttermilch behaupten. Auf der anderen Seite sind Konsumenten keine Spezialisten für Semantik – etwas mehr Zurückhaltung wäre also durchaus angebracht.

Im Mai 2012 kritisiert Foodwatch das Unternehmen, weil es bestimmte Tees für Kinder ab dem zwölften Lebensmonat anbiete, ohne darauf hinzuweisen, dass diese wegen ihres hohen Zuckergehalts eigentlich als Süßigkeiten eingestuft werden müssten. Im Juni verleiht Foodwatch Hipp in diesem Zusammenhang die Negativ-Auszeichnung »Goldener Windbeutel«. Hipp hat allerdings zu diesem Zeitpunkt die Produkte schon aus dem Programm genommen.

Warum bekommt Hipp trotz der Kritik gerade noch vier Sterne? Vor allem, weil das Unternehmen sich seit seiner Gründung, also Jahrzehnte, bevor das modern wurde, auf Bioerzeugung spezialisiert hat. Dazu kommt, dass die ausdrücklich christlich motivierte Unternehmensethik sich in Richtlinien niederschlägt, die einen besonders fairen Umgang mit den Mitarbeitern vorschreiben. Und außer der Kritik an der Werbung gibt es wenig öffentliche Vorwürfe gegen die Firma.

Firmengründer Claus Hipp stellt schon 1956 seinen Hof auf Biobetrieb um und baut ohne Einsatz von Chemie Obst und Gemüse an. Sein Vorbild ist dabei der Schweizer Hans Müller, der zu den Vorläufern des heutigen Bioland-Verbands gehört. Zur gleichen Zeit beginnt Hipp mit der industriellen Produktion von Babynahrung.

Das Unternehmen beansprucht für sich, besonders säurearme Früchte zu verwenden, die lange Zeit zum Reifen bekommen, sodass auf den Zusatz von Zucker verzichtet werden kann. Das Unternehmen bezeichnet sich als weltweit größten Einkäufer von biologisch-organischer Ware, die es von rund 6000 Bauern bezieht. Das gilt für die Erzeugung von Obst, Gemüse und Fleisch. Einen kritischen Blick verdient, dass Hipp ein eigenes Biosiegel kreiert hat, sich also sozusagen selbst bewertet. Auf der anderen Seite wird erklärt, was darunter zu verstehen ist. Zum Beispiel heißt es zum Thema Milch: »Die Kühe werden artgerecht gehalten und weiden an mehr als 200 Tagen im Jahr auf naturbelassenen Wiesen, die ohne Mineraldünger und ohne chemisch-synthetische Spritzmittel bewirtschaftet werden.« Manche Angaben, etwa zur Haltung von Schweinen oder Biogeflügel, sind etwas schwammig. Immer wird aber versichert, dass die Tiere selbst auch Biofutter bekommen. Die Anforderungen sollen ähnlich wie beim Verband Bioland über die diejenigen der EU hinausgehen.

Das Stammwerk in Pfaffenhofen wird zu 100 Prozent mit Strom aus Wasserkraft versorgt. Außerdem setzt die Firma Holzhackschnitzel ein, um den gesamten Wärmebedarf abzudecken. Sie räumt aber ein, dass es noch Potenzial zur Verbesserung gibt, etwa beim firmeneigenen Fuhrpark.

Seit 1995 hat Hipp auch ein zertifiziertes Umweltmanagementsystem. Ein eigenes »Ethik-Management« gibt es bereits seit 1999. Es besteht unter anderem aus einem Ausschuss, der sich zweimal jährlich trifft und über Anträge berät, die jede Mitarbeiterin und jeder Mitarbeiter stellen kann – sogar anonym, allerdings müssen sie die Anträge begründen.

In der Ethik-Richtlinie wird viel Wert auf Flexibilität gelegt, um Eltern zu ermöglichen, dass sie ihre Kinder möglichst weitgehend selbst betreuen»und nicht in fremde Hände geben müssen«. Hieraus spricht ein fürsorgliches, aber auch konservatives Familienbild. Bei jeder Entlassung ist eine Beratung auch über die finanziellen Möglichkeiten danach vorgeschrieben. Andererseits droht der Betrieb aber bei schweren Verstößen gegen die Umweltrichtlinie mit fristloser Kündigung. Manche Bestimmungen regen auch zum Schmunzeln an. So verlangt das Unternehmen nicht nur, Dienstreisen auf das Nötigste zu beschränken, sondern auch, sich in Besprechungen kurz zu fassen. Wörtlich heißt es dazu:»Selbstdarstellungen, mit denen anderen kostbare Zeit gestohlen wird, sind zu vermeiden und zu unterbinden.«

Insgesamt ist nicht zu übersehen, dass Hipp sein gutes Image auch einem wie geschmiert laufenden Marketing verdankt – auch dafür wurde das Unternehmen schon belobigt, mit dem Münchner Marketingpreis von 2004. Wenn man sich die Werbung oder die kleinen Infovideos auf der Website zur Erzeugung der Nahrungsmittel anschaut, dann ist das fast ein bisschen zu viel heile Welt, um wahr zu sein. Trotzdem spricht die lange Geschichte des Unternehmens dafür, dass das Engagement im Kern echt ist – daher die gute Bewertung.

Ikea

Immer wieder auf dem Holzweg

Bewertung: **
Umsatz: 25,2 Milliarden Euro (29,4 Mrd. Franken)
Gewinn: 3,0 Milliarden Euro (3,5 Mrd. Franken)
Beschäftigte: ca. 131 000
Sitz: Älmhult/Leiden
Rating: Wegreen-Ampel gelb

Das Imperium von Ingvar Kamprad, das größte Möbelhaus der Welt, umweht der Geruch der Geheimniskrämerei. Offiziell gehört der Konzern einer Stiftung in den Niederlanden. Die tatsächliche Zentrale sitzt nach wie vor in Schweden. Im Jahr 2011 wirft das schwedische Fernsehen Kamprad vor, letztlich das ganze Geschehen über eine Stiftung im Steuerparadies Liechtenstein zu kontrollieren. Kamprad, der in der Schweiz lebt, weist diesen Vorwurf zurück und erklärt, er habe sich aus der Leitung des Konzerns zurückgezogen. Er setzt etwas vage hinzu, die Liechtensteiner Stiftung diene allein dazu, das »langfristige Überleben« von Ikea zu sichern. Und der Konzern beharrt darauf, er zahle seine Steuern in jedem einzelnen Land korrekt.

Zu einem zweifelhaften Ruf trägt sicher auch das Buch »Die Wahrheit über Ikea« bei, das 2010 auf Deutsch erschienen ist. Darin schildert der Autor Johan Stenebo das Unternehmen als einen sektenartigen Geheimkonzern, der sehr stark von der Autorität seines Gründers geprägt ist. In Kritiken dieses Buchs wird allerdings die Frage gestellt, was Stenebo, der lange Jahre ein enger Vertrauter Kamprads war, dazu bewogen habe, »auszupacken«, zudem werden manche seiner Vorwürfe als schlecht belegt oder naiv charakterisiert.

Nicht gerade förderlich fürs Image sind auch Berichte, die Kamprad vorwerfen, in seiner Jugend mit den Nazis sympathisiert zu haben. Kamprad hat dies eingeräumt und als Fehler bezeichnet – man sollte es dem Unternehmen, das nach dem Krieg gegründet wurde, daher nicht anlasten. Ein deutscher Manager, der vor einigen Jahren durch rechtsradikale Äußerungen auffiel, wurde jedenfalls rasch entfernt.

Ein weiteres Problem ist, dass der Konzern früher offenbar auch Waren aus der DDR bezogen hat, die zum Teil von Strafgefangenen produziert wurden. Ikea will die Vorwürfe aufklären und hat Mitte 2012 dazu eine Hotline eingerichtet, bei der sich Betroffene melden können.

Aber wie ist das Geschäftsmodell von Ikea grundsätzlich zu werten? Die Schweden überziehen die Welt, mittlerweile auch Schwellenländer, mit einem System von mehr oder minder identisch konzipierten Möbelhäusern, die in hohem Maße genormte Waren verkaufen, die die Kunden dann zum großen Teil mühsam selber zusammenschrauben müssen. Ikea selbst führt die flache Verpackung dieser zerlegten Möbel als Beitrag zum Umweltschutz an, weil so nur wenig Transportvolumen beansprucht wird.

Möbel sind freilich auch ein Teil der Kultur. Aus dieser Perspektive kann man die »Ikeaisierung«« der Welt durchaus kritisieren: Sie trägt ebenso wie zum Beispiel Fast Food, die Präsenz derselben Bekleidungsketten in allen großen Einkaufszentren und die immer stärkere Einförmigkeit der Automodelle dazu bei, die Welt langweiliger zu machen. Auf der anderen Seite ermöglicht der Konzern durch seine moderaten Preise vielen vor allem jüngeren Leuten oder Familien mit knappem Geldbeutel, sich vernünftig einzurichten.

Die Schattenseiten sind aber auch nicht zu übersehen. Das wohl schwierigste Thema für einen Möbelriesen ist das Holz. Im Jahr 2011 gibt es Fernsehberichte, nach denen Ikea Holz auch im Kahlschlag-Verfahren aus Urwäldern im russischen Karelien bezieht. Der Konzern verspricht umgehend, den Fall zu überprüfen, aber Umweltgruppen greifen das Thema immer wieder auf. Im Prinzip will der Konzern vor allem Holz aus nachhaltiger Bewirtschaftung beziehen. Dazu, dies nachzuweisen, dienen die sogenannten FSC-Zertifikate, die vom Forest Stewardship Council vergeben werden, einer Organisation, die jeweils die ökologischen Folgen und die sozialen Bedingungen des Holzanbaus überprüft – es gibt sogar schon Weihnachtsbäume mit diesem Siegel. Allerdings war das Holz aus Karelien offenbar sogar zertifiziert, was das FSC-Siegel infrage stellt.

Ikea hat sich für Ende 2012 das Ziel gesetzt, rund 35 Prozent des eingesetzten Massivholzes aus »bevorzugten« Quellen zu beziehen, das heißt, es ist entweder von Dritten zertifiziert oder der verantwortliche Anbau wird vom Konzern selbst kontrolliert. Im Jahr 2010 liegt der Anteil von zertifiziertem Massivholz noch bei knapp einem Viertel.

Ikea hat das bei Textil- und inzwischen auch Elektronikunternehmen übliche Prinzip im großen Maßstab auf die Möbelindustrie übertragen: möglichst dort produzieren, wo die Arbeitskraft billig ist. Anfangs war das vor allem Polen, aber inzwischen gibt es weltweit Fabriken, sehr viele davon in China. Ikea nennt die sozialen Anforderungen, die es stellt, Iway – sie entsprechen weitgehend den international üblichen Mindeststandards, die freilich weit unter dem liegen, was in Westeuropa üblich ist. Nach eigenen Angaben haben 2010 aber erst 57 Prozent der Zulieferer die Bedingungen von Iway komplett erfüllt, in China sogar erst sieben Prozent. Für 2012 waren 100 Prozent angepeilt, was kaum realistisch klingt. Der Konzern räumt selbst Probleme ein: Zum Teil würden in China 80 Stunden pro Woche gearbeitet, in Thailand seien 84 Stunden sogar gesetzlich erlaubt.

Besonders harte Vorwürfe gibt es im Jahr 2009 gegen einen türkischen Zulieferer, bei dem es aufgrund mangelnder Sicherheitsvorkehrungen sogar zu Todesfällen gekommen war. Die Schlagzeile der Berliner »tageszeitung« lautet damals: »Lebst du noch?«. Ikea verspricht Abhilfe. Im Jahr 2008 werden auch heftige Vorwürfe von Mitarbeitenden und Gewerkschaften in Deutschland laut. Danach soll das Möbelhaus die Mitarbeitenden zu extremer Flexibilität zwingen und ungebührlich stark überwachen, Kritik gibt es auch wegen des Einsatzes von Zeitarbeitern. Ikea weist dies zurück. Nach Vorwürfen der Bespitzelung von Mitarbeitenden in Frankreich führt Ikea dort 2012 einen Verhaltenskodex ein, den die Gewerkschaften allerdings für nutzlos halten.

Wenn man die eigenen Darstellungen von Ikea liest, hat man den Eindruck, dass das Unternehmen inzwischen recht offen über Probleme berichtet und sie auch angehen will, aber noch deutliche Mühe hat, die Komplexität der eigenen Lieferketten zu überblicken. Als Gesamtbewertung für Ikea dürften zwei Punkte angemessen sein, wobei die Tatsache, dass erschwingliche Möbel viel für die Lebensqualität bedeuten, nicht gering zu schätzen ist.

Inditex

Gebremste Globalisierung

Bewertung: **
Bekannteste Marke: Zara
Umsatz: 13,8 Milliarden Euro (16,8 Mrd. Franken)
Gewinn: 1,9 Milliarden Euro (2,3 Mrd. Franken)
Beschäftigte: mehr als 109 512
Sitz: Arteixo
Rating: Oekom Research C, Wegreen-Ampel gelb

Globalisierung ist für viele Menschen ein Schimpfwort geworden. Und das auch in exportstarken europäischen Ländern, die sehr gut damit und davon leben. Vor diesem Hintergrund ist es interessant, dass die Globalisierung hier und da auch gebremst wird und sich zum Teil sogar umkehrt. Ein Grund dafür gerade in allerletzter Zeit sind die Inflation und die steigenden Ansprüche der Arbeiter in China. Während das Reich der Mitte für einige Jahrzehnte einen sensationellen Aufschwung erlebte, wurde es zur Fabrik der ganzen Welt. Die Landbevölkerung stellte lange Zeit das dar, was Karl Marx »industrielle Reservearmee« genannt hat: ein nie zu erschöpfendes Reservoir an Arbeitskräften, das in die Städte drängt und dafür sorgt, dass die Löhne niedrig bleiben. Aber dieses Land verändert sich. Die Löhne steigen rasch, gute Manager werden ebenfalls knapp.

Die Konzerne haben drei Möglichkeiten, darauf zu reagieren. Entweder sie holen die Produktion wieder nach Hause, so hat es zum Beispiel der Teddy-Hersteller Steiff gemacht. Oder sie weichen auf andere Billigländer wie Vietnam oder Laos aus, Puma setzt zunehmend auch auf Afrika. Die dritte Möglichkeit lautet: bevorzugt in Europa und angrenzenden Regionen produzieren. Das ist schon länger das Konzept des spanischen Inditex-Konzerns, der vor allem unter der Marke Zara bekannt ist.

Die Spanier haben ihre »Close or Nearby Production« allerdings ursprünglich aus einem anderen Grund eingeführt: Sie wollten Zeit sparen. Denn die Mode, gerade für jugendliche Käufer, ist extrem schnelllebig. Wer den neuesten Trend verschläft, läuft den Kunden hinterher. Bis Kleider aus Fernost mit einem der regelmäßig verkehrenden gewaltigen Containerschiffe in Europa angekommen sind, vergehen aber Wochen – wertvolle Zeit, die eine Menge Geld kosten kann.

Inditex produziert daher zu rund 60 Prozent in Europa oder unmittelbar angrenzenden Ländern wie Tunesien oder Marokko, wie der Österreichische Rundfunk (ORF) Anfang April 2012 berichtet. Dadurch schafft es der Konzern, nach großen Modeschauen innerhalb von drei bis sechs Wochen die neuesten Modelle in den Geschäften liegen zu haben.

In dem ORF-Bericht heißt es, im Durchschnitt sei eine Arbeitsstunde in Tunesien und der Türkei um etwa die Hälfte teurer als in China. Aber in China steigen die Löhne um etwa 15 Prozent pro Jahr. Und in den Küstenregionen, wo das meiste produziert wird, haben sie sich sogar in fünf Jahren verdoppelt. In diesen Regionen liegt der Monatslohn laut dem Bericht umgerechnet bei – für unsere Verhältnisse immer noch lächerlichen – 400 Euro, in Moldawien dagegen nur bei 200 Euro und in Nordafrika bei 150 bis 160 Euro.

Diese Zahlen zeigen deutlich, wie sehr unser Wohlstand mit der Armut in anderen Regionen einhergeht. Auf der anderen Seite belegen sie aber auch, dass China es schafft, sich gerade über die Teilnahme an der Globalisierung aus bitterster Armut hervorzuarbeiten.

Inditex verkauft allerdings nicht nur in Europa gut, sondern auch in Lateinamerika, einem Markt, in dem die spanischen Konzerne traditionell stark sind. Im August 2011 werden bei drei Zulieferern von Zara im brasilianischen São Paulo »sklavenähnliche« Zustände festgestellt, wie die »Süddeutsche Zeitung« im Dezember des Jahres schreibt. Eine Sprecherin des brasilianischen Arbeitsministeriums sagt damals, die Arbeiter, darunter viele Zuwanderer aus Bolivien, seien direkt oberhalb der Fabrikräume untergebracht und müssten menschenunwürdige Bedingungen erdulden. Die Regierung verlangt von Inditex als Hauptauftraggeber eine Strafzahlung von 8,2 Millionen Euro. Die Spanier weisen die Verantwortung für die Arbeitsverhältnisse zunächst zurück, einigen sich später mit den Behörden aber, wenn auch auf eine wesentlich niedrigere Summe. Diese Zahlung kann man als Schuldeingeständnis interpretieren. Das Unternehmen nennt den Kompromiss als Beleg dafür, dass es sich verpflichtet fühle, stärker zu kontrollieren, ob die Arbeitsbedingungen im Einklang mit den Gesetzen Brasiliens und den eigenen Vorgaben stehen.

Das Beispiel zeigt: Die besten sozialen Leitlinien können nicht verhindern, dass doch immer wieder Negativbeispiele auffallen. Im Jahr 2001 hat die Clean Clothes Campaign bereits über miserable Arbeitsbedingungen bei einem Inditex-Zulieferer in Marokko berichtet. Damals kündigte der Konzern in der Folge die Verträge mit 200 Zulieferern, wie die »Süddeutsche Zeitung« berichtete.

Die Vorgaben des Konzerns verbieten zum Beispiel ohne jede Ausnahme die Beschäftigung von Arbeitnehmerinnen und -nehmer, die jünger als 16 Jahre alt sind. Die Angaben zum Thema Verantwortung sind hier und da allerdings etwas verwirrend und mit Marketing durchsetzt. Aber es finden sich doch genaue Auflistungen darüber, welche Kontrollen wo, von wem und mit welchen Ergebnissen durchgeführt wurden. Als »Mangel« wird dabei zum Beispiel auch beanstandet, wenn es keine freien Lohnverhandlungen gibt.

Im Oktober 2010 vereinbart der Konzern sogar eine Zusammenarbeit mit der ITGLWF, einer internationalen Vereinigung der Beschäftigten in der Bekleidungsindustrie. Sie soll weltweit sicherstellen, dass Mindeststandards bei den Arbeitsbedingungen eingehalten werden. Diese Kooperation ist offenbar Teil einer Konzernstrategie, bei schwierigen Themen bewusst mit kritischen Organisationen zusammenzuarbeiten. Außerdem gibt es für Indien, von wo fünf Prozent der Ware kommen, ein besonders intensives Programm zur Schulung der Zulieferer im sozialen Bereich.

Im Frühjahr 2012 kündigt Inditex an, Zara von einer Billigmarke zu einem Luxus-Label weiterzuentwickeln. Das sollte dem Konzern mehr finanziellen Spielraum geben, sich um soziale und ökologische Belange zu kümmern. Allerdings betreibt er auch weiterhin Billigmarken wie Bershka, Stradivarios oder Pull & Bear. 2012 lässt das Unternehmen auch erkennen, dass es das Sandstrahlen von Jeans verbannen will. Dieses Verfahren ist sehr gefährlich für die Gesundheit der Mitarbeitenden.

Wenn als Bewertung nur zwei Sterne vergeben werden, ist das der grundsätzlichen Problematik der Textilbranche geschuldet.

Lego

Alles passt zusammen

Bewertung: ****
Weitere Marken: Duplo
Umsatz: 18,7 Mrd. Kronen (2,5 Mrd. Euro, 3,1 Mrd. Franken)
Gewinn: 4,2 Mrd. Kronen (565 Mill. Euro, 688 Mill. Franken)
Beschäftigte: 9374
Sitz: Billund
Rating: Wegreen-Ampel gelb

Lego ist eine der bekanntesten Marken weltweit – und mit Sicherheit das bekannteste dänische Unternehmen. Die Bewertung mit vier Sternen beruht darauf, dass Lego ein Prinzip der Nachhaltigkeit weiter getrieben hat als fast jedes andere Unternehmen: Die Produkte können sehr lange benutzt werden. Das Unternehmen weist darauf hin, dass seit mehr als 50 Jahren dasselbe Bauprinzip verwendet wird.

Lego wurde in den 30er-Jahren zunächst als Hersteller von Holzspielzeug gegründet, wenige Jahre nach dem Krieg kamen aber bereits die ersten Lego-Steine auf den Markt, die im Prinzip schon den heutigen ähneln. Wie viele gute Ideen hatte auch diese einen Vorläufer: Dabei handelt es sich um die Anker-Bausteine. Dieses System wurde schon im 19. Jahrhundert entwickelt, daran beteiligt waren unter anderem der bekannte Luftfahrtpionier Otto Lilienthal und sein Bruder.

Lego hat das Prinzip des Zusammenpassens immer weiter getrieben. So lassen sich zum Beispiel auch die größeren Duplo-Steine mit Lego kombinieren, und ganz Ähnliches gilt für die Technikbauteile. Nachdem Lego früher vor allem für den Bau von Häusern zu gebrauchen war, sind heute ganze Fantasiewelten im Angebot, zum Teil angelehnt an bekannte Themen wie Harry Potter. Die Lego-Welt beinhaltet auch eine Modelleisenbahn und lässt sich bis in Computerspiele hinein verlängern. Das alles hat sehr viel mit Nachhaltigkeit zu tun. Denn es bedeutet, dass selbst uralte Bausteine immer noch zu gebrauchen sind. Und in vielen Familien werden Lego-Teile ja auch über Generationen vererbt, zumal die Grundbausteine fast unzerstörbar sind. Zum Teil werden die Teile auch über Ebay weiterverkauft. Diese Art von Produkt bietet das perfekte – und positive – Gegenteil von manchen Entwicklungen etwa in der Unterhaltungselektronik, wo immer wieder neue Produkte und Systeme auf den Markt gebracht werden, mit der kaum zu verhehlenden Absicht, die alten Produkte möglichst schnell auch »alt« aussehen zu lassen.

Das bis ins Extrem getriebene Prinzip der Nachhaltigkeit ist aber nur eine der positiven Seiten von Lego. Dazu kommt die Tatsache, dass dieses Spielzeug sehr stark zur Kreativität anregt. Denn letztlich erschaffen die Kinder die Lego-Welten selbst – jedenfalls, soweit es sich um das klassische Material handelt. Und selbst da, wo die Dänen vorgefertigte Figuren anbieten, lassen sich diese in der Regel zwanglos mit eigenen Kreationen kombinieren.

Kritik kann man freilich daran üben, dass Lego aus Kunststoff hergestellt wird. Einmal gilt manchen Eltern Plastik als »unnatürliches« Material – die Kinder selbst haben damit meist weniger Probleme. Dagegenhalten muss man aber, dass Holzspielzeug auch nicht über allen Zweifel erhaben ist. Im Jahr 2010 fand die »Stiftung Warentest« bei der Prüfung von rund 50 Spielzeugen aus Holz, Plüsch und Plastik jede Menge Schadstoffe. Zum Teil wurden zwar die gesetzlichen Grenzwerte eingehalten – diese lagen nach Meinung der Stiftung aber zum Teil zu hoch. Interessant dabei: Belastungen wurden bei allen Holzspielzeugen gefunden und bei den meisten Plüschtieren und Puppen. Dagegen wurden Lego und Playmobil als zwei von sechs Beispielen genannt, die frei von gefährlichen Stoffen waren.

Lego merkt aber selbstkritisch an, dass die Bauteile letztlich aus Erdöl hergestellt werden, also aus einem nicht nachwachsenden Rohstoff, dass die Herstellung viel Energie benötigt und bei der Entsorgung ein schwer verwertbarer Müll entsteht. Der Konzern räumt ein, dass die Langlebigkeit allein noch keine ausreichende Antwort auf diese Probleme ist, und kündigt Programme an, die die Rückgabe von gebrauchtem Spielzeug und damit das Recycling fördern sollen. Außerdem gilt als Ziel, allen Abfall aus der Produktion zu recyceln, 2011 war dabei schon die Marke von 88 Prozent erreicht. Bis 2015 will das Unternehmen zu 50 Prozent auf erneuerbare Energie umstellen, bis 2020 dann zu 100 Prozent.

Nach viel Lob darf Kritik nicht fehlen. Befremdlich wirkt, dass in den Verhaltensrichtlinien für Zulieferer in Ausnahmefällen »auf freiwilliger Basis« auch mehr als 60 Wochenstunden erlaubt werden. Außerdem sollen »leichte Arbeiten«, die die Ausbildung nicht beeinträchtigen, schon ab 12 oder 13 Jahren erlaubt sein. Beide Punkte unterbieten die nach unseren Maßstäben ohnehin schon »großzügigen« Standards, die bei internationalen Konzernen üblich sind: 60 Wochenstunden gelten einschließlich Überstunden als Obergrenze, und als Mindestalter werden meist 16 Jahre genannt. Hinzu kommt, dass es auch öffentliche Vorwürfe wegen schlechter Arbeitsbedingungen gegeben hat. Im Dezember 2011 berichtet die »taz«, dass bei Zulieferern der Spielzeugindustrie in China zum Teil 15 Stunden täglich gearbeitet werde, und das an sechs Arbeitstagen. Die

Angaben beruhen auf Befragungen, die die Organisation Sacom mit Sitz in Honkong durchgeführt hat, die von Studenten und Professoren getragen wird. Eine dieser Firmen fertigt Kinderbücher und Kartons für Lego. Eine Sprecherin des Konzerns sagt danach auf Anfrage, man werde die Vorwürfe prüfen und die Zusammenarbeit beenden, wenn es keine Verbesserung gebe.

In Frankreich hatte Lego vor einigen Jahren, allerdings zusammen mit einer ganzen Reihe anderer namhafter Spielzeugfabrikanten, eine Auseinandersetzung mit den Kartellbehörden. Die Unternehmen sollen zulasten der Verbraucher Preise mit großen Supermarktketten abgesprochen haben. Ende 2007 verlangt die Kartellbehörde deswegen ein Bußgeld von 1,6 Millionen Euro von Lego. Zuvor schon haben die Dänen den Topmanager für Frankreich ausgetauscht und strengere Regeln erlassen, die Verstöße gegen das Wettbewerbsrecht verhindern sollen.

Einen etwas bizarren Streit hatte Lego vor gut zehn Jahren mit den Maori, den neuseeländischen Ureinwohnern. Die beschuldigten den Hersteller, Teile ihrer Mythologie »gestohlen« und in ihrem Programm »Bionicle« verwendet zu haben. Lego hielt dagegen, bei diesen Figuren handele es sich um reine Fantasiefiguren, ohne direkte Vorbilder aus der Mythologie.

Levi Strauss

Politik in Jeans

Bewertung: ***
Weitere Konzernmarken: Denizen, Dockers
Umsatz: 4,8 Milliarden Dollar (3,3 Mrd. Euro, 3,8 Mrd. Franken)
Gewinn: 138 Millionen Dollar (96 Mill. Euro, 110 Mill. Franken)
Beschäftigte: ca. 17 000
Sitz: San Francisco
Rating: Wegreen-Ampel gelb

Levi Strauss, Mitte des 19. Jahrhunderts von deutschen Einwanderern in Kalifornien gegründet, ist heute ein so amerikanisches Unternehmen, dass es amerikanischer gar nicht mehr geht. Das zeigt schon die recht großspurige firmeneigene Rhetorik. Da heißt es: »Unsere Kunden erschlossen ein neues Land, den amerikanischen Westen. Sie kämpften in Kriegszeiten für den Frieden. Sie stifteten revolutionäre Gegenkulturen an. Sie rissen die Berliner Mauer nieder. Ob respektvoll oder respektlos – sie standen für etwas.« Könnte man sich eine derart großzügige Aneignung der Geschichte bei einem Unternehmen mit Sitz in Basel, München oder Wien vorstellen?

Sehr amerikanisch ist auch der Hang, mögliche Probleme durch möglichst umfangreiche Handbücher zu regeln. Mit 296 Seiten hat das Guidebook des Jeanskonzerns zu ökologischen und sozialen Fragen der Nachhaltigkeit schon einen sehr ansehnlichen Umfang. Darin wird alles Erdenkliche vorgeschrieben, vom Verbot der Kinderarbeit bis zum Gesundheitsschutz beim Einsatz von Ozon zum Bleichen der Jeans. Seit dem Jahr 2005 veröffentlicht Levi Strauss zudem eine Liste der Zulieferer – ein Schritt, zu dem sich zum Beispiel Apple erst 2012 entschlossen hat. Durch eine derartige Liste haben kritische Organisationen oder auch Journalisten es sehr viel leichter, Probleme aufzuspüren und darauf aufmerksam zu machen.

Als typisch amerikanisch kann man auch das Bemühen ansehen, Probleme sehr direkt und anschaulich darzustellen. So veröffentlicht Levi Strauss kleine Zeichentrickserien, die sich mit dem Thema Aids beschäftigen. Zielgruppe sind die eigenen Angestellten. Die Botschaft ist glasklar: Auch wer HIV-positiv ist, gehört »zu uns«. Der Konzern gibt nicht nur eine Menge Geld für Aidsbekämpfung aus, sondern versucht so auch sehr direkt, im eigenen Haus Ausgrenzung zu verhindern. Der Arbeitgeber übernimmt nach eigener Aussage auch die Kosten für die Behandlung gegen Aids, soweit sie durch die jeweiligen nationalen Systeme nicht gedeckt sind.

Mit Stolz weist der Konzern darauf hin, er habe 2008 eine Werbekampagne mit homosexuellem Bezug gestartet und im »Mainstream«-Fernsehen platziert. Levi Strauss betont mehr als andere Konzerne, sich auch als politische Stimme zu verstehen. Das zeigt nicht nur der Kampf gegen Aids und der offene Umgang mit Homosexualität, die in den USA noch mehr als in Europa auch ein politisches Thema ist. Das Unternehmen setzt sich zusammen mit anderen Firmen und mit Organisationen wie dem WWF und Oxfam für eine umweltfreundliche Politik ein.

Dazu kommen einige interessante Details im Verhältnis des Unternehmens zu seinen Mitarbeitenden. So können Angestellte in Notfällen eine eigene Stiftung um Hilfe bitten. Die durchschnittliche Summe, die in solchen Fällen gezahlt wird, liegt bei 1000 Dollar. Man fragt sich freilich, ob in diesem System nicht auch ungewollt das Eingeständnis enthalten ist, dass die Leute nicht viel Geld verdienen.

Schaut man auf die Produktion, dann führt das Thema Jeans zum Thema Baumwolle, und das wiederum führt zum Thema Wasser. Levi Strauss ist zusammen mit anderen Bekleidungsfirmen wie Adidas und H&M Mitglied der Better Cotton Initiative (BCI). Bis 2015 soll der Anteil der nachhaltig erzeugten Baumwolle in der Produktion auf 20 Prozent steigen. Hierbei handelt es sich nicht um wirkliche Biobaumwolle, aber die Initiative sucht doch in Zusammenarbeit mit den Bauern die ökologischen und sozialen Standards zu verbessern. BCI verbietet zum Beispiel nicht den Einsatz von Pestiziden, will aber den Einsatz effektiver gestalten und so minimieren. Die Initiative nimmt zudem einen »neutralen« Standpunkt gegenüber Gentechnik ein. Das heißt: Sie ermutigt die Bauern nicht dazu, genetisch veränderte Baumwolle anzubauen, hält sie aber auch nicht davon ab. Im Vordergrund steht die Frage, wie sich die beste Ernte erzielen lässt. Harte Gentechnik-Gegner werden mit BCI-Baumwolle also nicht glücklich. Bestandteil der Initiative ist auch, den Kleinbauern, die immer noch den Großteil der weltweit erzeugten Baumwolle erzeugen, den Zugang zu Wissen und zu Krediten zu erleichtern. Es ist klar, dass das gesamte Programm auch einen rein geschäftlichen Nutzen für die Einkäufer des Rohstoffs als Zielsetzung hat.

Levi Strauss hat, wie andere auch, den Bezug von Baumwolle aus Usbekistan ausgesetzt, als Reaktion auf Berichte über Kinderarbeit dort. Außerdem wurden Käufe in Mauritius gestoppt, bis dort ein Gesetz zum Schutz von Wanderarbeitern in Kraft trat.

Der Konzern selbst hat ausgerechnet, dass eine typische Jeans rund 3000 Liter Wasser während ihres Lebenszyklus »verbraucht«. Davon werden 45 Prozent während der Produktion eingesetzt, der Rest nach dem Kauf durch das Waschen. Wie die

»Süddeutsche Zeitung« im November 2011 berichtet, kommen andere Organisationen auf einen weitaus höheren Wasserbedarf – der WWF etwa auf 20 000 Liter pro Hose. Doch Levis entwickelt wassersparende Produktionsverfahren und bietet entsprechende »Waterless-Jeans« an. Außerdem empfiehlt der Konzern jetzt offiziell, die Jeans nur noch alle zwei Wochen zu waschen, am besten mit kaltem Wasser. Einige Verkäufer raten ihren Kunden angeblich sogar, die Hose in die Tiefkühltruhe zu legen, um Bakterien abzutöten, statt sie zu waschen. Allerdings verbrauchen Tiefkühltruhen bekanntermaßen ja eine Menge Strom und sind eigentlich für andere Zwecke gedacht.

Im September 2010 gibt Levi Strauss, ebenso wie Hennes & Mauritz, bekannt, künftig auf das »Sandstrahlen« von Jeans zu verzichten, weil das mit gesundheitlichen Gefahren für die Mitarbeitenden verbunden ist. Allerdings macht die Clean Clothes Campaign darauf aufmerksam, dass in manchen Staaten, vor allem in Bangladesch, die Konzerne den Herstellungsprozess bei ihren Zulieferern kaum kontrollieren könnten.

Trotz der mitunter etwas großspurigen Rhetorik wirkt das Bemühen des Konzerns um die eigenen Mitarbeiter und die Umwelt doch echt. Das Selbstverständnis als politische Stimme und die schon früh eingeführte Veröffentlichung der Zulieferer sollten daher drei Sterne rechtfertigen.

Lidl

Im Visier der Gewerkschaften

Bewertung: **
Konzernschwester: Kaufland
Schwarz-Konzern (Lidl und Kaufland)
Umsatz: 63,4 Milliarden Euro (76,4 Mrd. Franken)
Beschäftigte: ca. 315 000
Sitz: Neckarsulm
Rating: Wegreen-Ampel gelb

Viel Stress, aber auch viel Geld: So schildert ein Auszubildender im Jahr 2010 in einem Internetportal seine Erfahrungen mit Lidl. »Die Bezahlung ist Spitzenklasse«, findet der junge Mann. Aber nachdem er einige Zeit auch an der Kasse gearbeitet hatte, überlegt er es sich anders. Ihn stören jetzt die genauen Vorgaben, wie schnell er zu arbeiten habe. Sehr anschaulich schildert er: »Und da hatte ich eine ältere Dame, die viel gekauft hatte. Ich saß da also und knallte ihr die gescannte Ware um die Ohren, die Frau kam gar nicht mit dem Packen hinterher, während ich scannte und mir das anschaute, dachte ich mir: ›Das ist nicht das, was du willst, das ist nicht das, was dir Spaß macht.‹«

Manchmal sind solche persönlichen Schilderungen aufschlussreicher als abstrakte Berichte von Gewerkschaften oder Rechtfertigungen der Firmenleitung. Bei aller Kritik zeigt die kleine Schilderung aber auch: Das Geld war offenbar nicht das Problem.

Das ist in gewisser Weise erstaunlich, denn Lidl lebt beinahe im Dauerstress mit den Gewerkschaften. Die werfen der Kette, die zusammen mit Kaufland zum Schwarz-Konzern gehört, immer wieder vor, die Gründung von Betriebsräten zu verhindern. Lidl weist das zurück und erklärt, seine Mitarbeitenden blieben im Durchschnitt 6,3 Jahre bei dem Unternehmen – mehr als doppelt so lange wie im Branchenschnitt.

Vor neun Jahren hat die Gewerkschaft Verdi sogar ein eigenes »Schwarzbuch Lidl« vorgestellt, in dem dem Unternehmen unwürdige Arbeitsverhältnisse vorgeworfen werden. Damals wurde kritisiert, das Unternehmen lasse die Beschäftigten mit Videokameras überwachen und kontrolliere die Taschen. Einige Jahre später handelt sich der Konzern mit seiner Überwachungsmanie einen handfesten Skandal ein. So berichtet der »Spiegel« im April 2009, in einer Mülltonne seien Formulare gefunden worden, mit denen die Hintergründe von Krankheiten erfasst werden sollten. Zitiert wurden Eintragungen wie: »Will schwanger werden. Befruchtung nicht funktioniert«, »Stationäre Behandlung in neurologischer Klinik« oder »Private Probleme«. Der Deutschland-Chef des Unternehmens verspricht danach, künftig würden diese Formulare nicht mehr verwendet. Ein Jahr vorher hat es schon heftige Kritik gegeben, nachdem bekannt wurde, dass Lidl seine Leute mit versteckten Kameras filmen ließ. »Wir haben sicher einige Fehler gemacht, aus denen wir lernen können«, räumt daraufhin Klaus Gehrig, der Aufsichtsratschef, im Interview mit der »Süddeutschen Zeitung« ein.

Bei so viel Stress mit den Gewerkschaften mag es auf den ersten Blick erstaunen, dass Lidl sich im Jahr 2010 für einen Mindestlohn von zehn Euro einsetzte. Wie die »Financial Times Deutschland« im Dezember dieses Jahres berichtet, wirbt der Deutschland-Chef des Unternehmens, Jürgen Kisseberth, dafür in einem Brief an alle Bundestagsabgeordneten. Dafür bekommt er Beifall von der Gewerkschaft Verdi, die ihn vor dem naheliegenden Vorwurf in Schutz nimmt, dies sei doch eher eine Mar-

155

ketingaktion. Die Zeitung zitiert die Gewerkschaft in dem Zusammenhang mit der Aussage, die Tarifstruktur bei Lidl zeige, dass man keineswegs mit Dumpinglöhnen arbeiten müsse, um Erfolg zu haben.

Tatsächlich müssen sich eine gute Bezahlung und eine starke, mitunter auch deutlich die Grenzen des Zulässigen überschreitende Kontrolle der Beschäftigten nicht widersprechen. Letztlich ist das Ziel dieser Kombination, möglichst effiziente Mitarbeitende zu bekommen. Der Konkurrent Aldi gilt ja ebenfalls, wie bereits beschrieben, als sehr erfolgreich, zugleich aber als ein gut zahlender Arbeitgeber. Auch die Forderung eines Unternehmers nach einem Mindestlohn muss kein PR-Gag sein, selbst wenn zehn Euro zum damaligen Zeitpunkt sogar noch oberhalb der von linken Politikern geforderten Untergrenze liegen. Aber ein Unternehmen, das mit einer Kombination aus Druck und guter Bezahlung arbeitet, hat natürlich ein Interesse daran, dass Konkurrenten mit Billiglöhnen es bei den Preisen nicht unterbieten können. Der Mindestlohn ergibt in diesem Fall sogar aus betriebswirtschaftlicher Perspektive einen Sinn.

Lidl versucht aber auch, auf anderen Gebieten sein ethisches Profil zu schärfen. So gibt es eine eigene Marke »Fairglobe« für Waren mit dem Fairtrade-Siegel. Sie trägt maßgeblich dazu bei, dass der faire Handel in Deutschland wächst: Im Jahr 2011 legte er um 18 Prozent zu und erreichte rund 400 Millionen Euro – was freilich nur rund ein Tausendstel des gesamten deutschen Einzelhandelsumsatzes ist. Wie der »Kölner Stadt-Anzeiger« berichtet, tragen Lidl und Rewe 2011 aber überproportional zum Wachstum dieses Segments bei.

Es gibt noch weitere gute Ansätze. So verkauft Lidl überwiegend Fisch aus Betrieben mit dem MSC-Zertifikat, das bestätigen soll, dass sie nicht zur Überfischung beitragen. Es wird von einem unabhängigen Institut vergeben. Auf der anderen Seite lässt Lidl aber die Kleidung, die verkauft wird, in Billigländern wie Bangladesch produzieren und ist deswegen schon mehrfach von Organisationen wie der Clean Clothes Campaign (CCC) und dem Südwind-Institut kritisiert worden. Der Konzern hat nach entsprechenden Klagen sogar darauf verzichtet, mit angeblich besonders guten Sozialstandards bei seinen Zulieferern zu werben. Im Januar 2012 hat CCC die Ergebnisse einer Umfrage bei Zulieferern von Lidl, Aldi und Kik in Ländern wie Bangladesch, China und Indien veröffentlicht, nach denen die Arbeitsbedingungen in vielen Fällen immer noch katastrophal sind.

Der Konzern bietet insgesamt ein gemischtes Bild. Der Ruf in der kritischen Öffentlichkeit, der durch die heimliche Videoüberwachung und ähnliche illegale Kontrollen der Mitarbeitenden geprägt wurde, ist vielleicht sogar schlechter als gerechtfertigt. Bei der Kritik an den Zulieferbetrieben für die Textilien darf man nicht übersehen, dass viele Bekleidungsunternehmen ganz ähnliche Vorwürfe treffen – und dass Textilien nicht das Kernangebot von Lidl sind. Angesichts der offenbar über Jahre hinweg bestehenden zweifelhaften Kontrollpraktiken wäre aber eine Bewertung mit mehr als zwei Sternen nicht gerechtfertigt.

L'Oréal

Wie weit reicht der Schönheitswahn?

Bewertung: ***
Bekannte weitere Marken: Diesel, Garnier, Giorgio Armani,
Helena Rubinstein, Lancôme, Maybelline, Ralph Lauren, The
Body Shop, Vichy
Umsatz: 20,3 Milliarden Euro (24,7 Mrd. Franken)
Gewinn: 2,6 Milliarden Euro (3,2 Mrd. Franken)
Beschäftigte: 68 886
Sitz: Clichy
Rating: Oekom Research B- und Prime Status,
Wegreen-Ampel gelb

Im Deutschen gibt es die Redewendung »Das ist ja schön und gut«. Sie ist eher abwertend gemeint. Im Altgriechischen gibt es ebenfalls die feststehende Redewendung »schön und gut« (»kalos kagathos«). Aber dort hat sie eine sehr weitgehende Bedeutung: Nach den Vorstellungen der klassischen Antike gehörten das Schöne und das Gute zusammen – eine Idee, die später immer wieder aufgegriffen wurde, zum Beispiel auch von den griechenbegeisterten Idealisten vor mehr als 200 Jahren. Wenn der Mensch die wahre Schönheit erkennt, so lässt sich deren Gedanke kurz fassen, dann begreift er auch die gute Ordnung der Welt und findet sich darin zurecht.

Heute wiederum ist viel vom »Schönheitswahn« oder vom »Jugendwahn« die Rede. Und manchmal können bestimmte Schönheitsideale in der Tat eine Menge Unheil anrichten, wenn man etwa an den Schlankheitswahn bei jungen Mädchen denkt. Zum Teil gilt die Werbung auch als Übeltäter, weil sie massenhaft schöne und junge Menschen vor Augen führt. Aber, Hand aufs Herz: Wer schaut sich nicht lieber junge und schöne als alte und hässliche Menschen an?

Man sieht: Die Beziehungen zwischen der Schönheit und dem Guten, und damit auch zwischen Ästhetik und Ethik, sind recht kompliziert. L'Oréal, der große Schönheits- und Anti-Aging-Konzern aus Frankreich, zu dem auch Marken wie Garnier, Diesel und Giorgio Armani gehören, sieht das so: »Wir bei L'Oréal glauben, dass jeder Mensch schön sein will. Wir sehen es als unsere Aufgabe, Frauen und Männer überall auf der Welt bei der Realisierung dieses Wunsches zu unterstützen und ihnen zu helfen, ihre individuelle Persönlichkeit am besten zum Ausdruck zu bringen.«

Die »Süddeutsche Zeitung« berichtet freilich im Juli 2011 in diesem Zusammenhang über einen skurrilen Fall. Die berühmte Schauspielerin Julia Roberts sollte »das Gesicht« für die Marke Lancôme, die zu L'Oréal gehört, werden. Nun ist Roberts eine Frau, die vor allem durch ihre natürliche Ausstrahlung besticht und, wie die Zeitung schreibt, »auch im Schlabberlook noch toll aussieht«. Braucht so jemand überhaupt Kosmetik? Wahrscheinlich nicht. Aber L'Oréal braucht offenbar ein makelloses Gesicht – was Roberts zum Glück nicht besitzt. Also hilft man mit der digitalen Bildbearbeitung nach – angeblich nur minimal, aber doch mit durchschlagendem Erfolg. Das wiederum ruft eine britische Abgeordnete auf den Plan, die sich erregt, das Bild sei zu schön, um wahr zu sein. Es übe daher Druck auf Mädchen und junge Frauen aus, die sich mit einem unerreichbaren Ideal konfrontiert sähen. Der Konzern muss die Kampagne schließlich zurückziehen, weil sich die britische Werbeaufsicht einschaltet.

Eine andere Geschichte ist schon ernster. Sie spielt sich im Jahr 2000 ab und führt 2007 zur Verurteilung durch ein Pariser

Gericht: Die Marke Garnier sucht Promoterinnen und schreibt dabei nicht nur Alter und Konfektionsgröße vor, sondern verlangt zumindest inoffiziell, wie Zeugen berichten, auch die Ablehnung von schwarzen Bewerberinnen. So spielt plötzlich unterschwelliger Rassismus in das Thema Schönheit hinein.

Die Beispiele zeigen: Das Thema Schönheit hat viele, auch ethische Facetten. Eine davon wird mit dem Schlagwort »natürlich« beschrieben. Und dem hat sich The Body Shop verschrieben, ebenfalls eine bekannte Marke des Konzerns, die aber etwas anders gelagert ist als die klassischen Marken. The Body Shop schwimmt seit Langem erfolgreich auf der grünen Welle. Doch was heißt »natürlich« in dem Zusammenhang? Darüber wird man ewig streiten; jedenfalls, solange es dafür keine offiziellen Definitionen gibt. Die Zeitschrift »Öko-Test« stellt in ihrer Ausgabe vom August 2011 die Frage, wie die Anbieter von Naturkosmetik die Natürlichkeit eigentlich definieren – und bekommt dabei nur sehr ungenaue Antworten. Sie testet zahlreiche der »natürlichen« Produkte und findet heraus, dass sie hauptsächlich auf Chemie beruhen. Auch The Body Shop kommt dabei nicht ungeschoren davon, eine »Körperbutter« dieser Marke sei mit künstlichen Farben aufgepeppt, heißt es. Verunsichert reagierten die Kunden von The Body Shop im Übrigen schon, als die britische Ladenkette 2006 von den Franzosen übernommen wurde. Denn diese Kette lehnt Tierversuche ausnahmslos ab, während L'Oréal sie nur »nach Möglichkeit« vermeiden will.

Schaut man sich andere ethische Themen an, so fällt eine Anti-Aids-Kampagne positiv auf, die der Konzern zusammen mit der UNESCO 2005 lanciert hat. Dabei sind weltweit rund 3000 Ausbilder in Friseursalons unterwegs, um das Personal dort zu schulen und in die Kampagne einzubinden. Dieser Weg über die Friseure, der bestehende Geschäftsverbindungen nutzt, ist doch recht kreativ. Außerdem fällt auf, dass L'Oréal ohne jede Ausnahme bei Jugendlichen als Arbeitnehmern ein Mindestalter von 16 Jahren ansetzt und bei Kinderarbeit von Zulieferern verlangt, im Bedarfsfall den Familien Einkommenshilfen anzubieten und den Arbeitsplatz zu reservieren, bis der Jugendliche die Schule beendet und das erforderliche Alter erreicht hat, was sehr weitgehende Forderungen sind. Der Konzern betont, dass mehr als drei Viertel der Zulieferer (nach Einkaufsvolumen gerechnet) schon mehr als zehn Jahre mit dem Konzern zusammenarbeiten, viele sogar schon weitaus länger. Die Ethik-Leitlinie ist in 43 Sprachen übersetzt worden, darunter zum Beispiel auch Isi-Zulu und Sepede, die beide im Süden Afrikas gesprochen werden.

Die ethische Bilanz des Konzerns hat also sehr viele Facetten. Insgesamt ist sie ausgeglichen, was eine Bewertung mit drei Sternen ergibt – mit Tendenz nach oben. Auffällig ist auch das gute Rating durch Oekom Research.

Sucht man nach Skandalen, so findet sich vor allem einer, der aber weniger mit dem Konzern selbst als mit den Inhabern zu tun hat. Im Mittelpunkt steht die hochbetagte Milliardärin Liliane Bettencourt, eine der reichsten Frauen der Welt und Großaktionärin bei L'Oréal. Es geht um Streit in der Familie, verschwundenes Vermögen und illegale Spenden. Dem Konzern selbst kann man die Bettencourt-Affäre, die in Frankreich immer wieder hohe Wellen geschlagen hat, aber nicht anrechnen.

Lufthansa

Die Entdeckung der Schnelligkeit

Bewertung: *
Weitere Konzerngesellschaften: Austrian Airlines, German Wings,
Swiss
Umsatz: 28,7 Milliarden Euro (34,9 Mrd. Franken)
Verlust: 13 Millionen Euro (16 Mill. Franken)
Beschäftigte: 119 084
Sitz: Frankfurt
Rating: Oekom Research C+ und Prime Status, SAM Bronze,
Sustainalytics Dax-Ranking Platz 20, Wegreen-Ampel gelb

In einem Interview mit eigenen Mitarbeitenden, die für CSR
(Corporate Social Responsibility) zuständig sind, betont Luft-
hansa-Chef Christoph Franz, ab einer Entfernung von 400 bis
500 Kilometern sei das Flugzeug das umweltfreundlichste Verkehrsmittel. Eine überraschende Erkenntnis: Luftverkehr gilt
doch als einer der größten Klimakiller überhaupt; laut »Focus«
vom Januar 2012 entspricht der CO_2-Ausstoß aller deutschen
Flugzeuge jährlich etwa einem Viertel dessen aller deutschen Autos. Zudem gelten Klimagase, die in großer Höhe ausgestoßen
werden, als besonders schädlich. Außerdem halten sich zumindest im Frachtbereich viele Firmen inzwischen eine Menge darauf zugute, den Anteil von Schiff und Bahn zulasten des Flug-
zeugs zu steigern, um dadurch Energie zu sparen und weniger
zum Ausstoß von CO_2 beizutragen. Das Umweltbundesamt hat
2007 errechnet, dass ein Mensch mit 15 000 Kilometer Fahrleistung pro Jahr 1,6 Tonnen CO_2 pro Jahr einspart, wenn er vom
Auto auf die Bahn oder Bus umsteigt. Wer Vegetarier wird und

bevorzugt Lebensmittel aus der Region kauft, kann noch einmal 1,33 Tonnen sparen. Ein Fernflug nach Thailand dagegen bedeutete nach damaligem Stand der Technik gut fünf Tonnen – und das ist etwa die Hälfte dessen, was ein Deutscher pro Jahr verursacht. Auch wenn sich durch modernere oder größere Flugzeuge die Bilanz verbessern kann, zeigt sich sehr deutlich: Eine einzige Fernreise wiegt einen ansonsten ökologisch angepassten Lebensstil sehr schnell auf.

Aber nehmen wir einmal an, die Aussage von Franz, die sich auf ein wissenschaftliches Gutachten stützt, sei richtig. Folgt daraus, dass die Fliegerei eine umweltfreundliche Veranstaltung ist? Wohl kaum. Beispiel Tourismus: Vielleicht ist es tatsächlich umweltfreundlicher, mit einem modernen Flugzeug nach Mallorca zu fliegen, als mit einem alten Auto nach Spanien zu fahren und dann mit der Fähre überzusetzen. Aber wer fährt schon mit dem Auto nach Mallorca? Und die erwähnte Reise nach Thailand würde ohne Flugzeug mit großer Sicherheit gar nicht stattfinden. Oder das Beispiel Geschäftsreisen: Vielleicht ist es besser, von Hamburg nach Zürich zu fliegen, als mit dem Hochgeschwindigkeitszug zu fahren. Aber wie viele Geschäftsreisen würde man durch ein Telefongespräch oder eine Videokonferenz ersetzen, wenn es keine bequeme Flugverbindung gäbe?

Die Beispiele zeigen: Die Alternative ist sehr häufig nicht, eine Reise mit dem Flugzeug oder mit einem anderen Verkehrsmittel zu unternehmen, sondern eher die, mit dem Flugzeug weit zu fliegen oder zu Hause zu bleiben oder ein näheres Ziel anzusteuern. Der Flugverkehr hat das ganze Leben erheblich beschleunigt – und damit auch weitaus gefährlicher für die Umwelt gemacht.

Wenn die Lufthansa als Bewertung nur einen Punkt bekommt, dann wird damit also nicht die Leistung des Managements beurteilt. Sondern es geht darum, deutlich zu machen, wie problematisch die Branche insgesamt einzustufen ist.

Die Lufthansa versucht durchaus, umweltfreundlicher zu werden. Das gelingt ihr freilich nur relativ: Die Umweltbelastung wächst langsamer als der Flugverkehr. In der Sprache der Lufthansa heißt das: Seit 1991 wurden 44 Prozent der zusätzlichen Transportleistungen klimaneutral erbracht. Bis 2020 sollen die Emissionen aus dem Flugverkehr pro Passagier und Kilometer um rund 25 Prozent fallen, wie es im Umweltbericht 2011 heißt. Der Anteil der Stickoxide in den Abgasen wurde in 20 Jahren in etwa halbiert. Bis 2015 soll der Frachtbereich zudem auf leichtere Behälter umgerüstet werden, um Kerosin zu sparen.

Außerdem lässt der Konzern systematisch Biotreibstoff testen und setzt ihn seit Juli 2011 im Tagesgeschäft zwischen Frankfurt und Hamburg ein. Wie die »Frankfurter Allgemeine Sonntagszeitung« (FAS) im Mai 2011 berichtet, ist hier vor allem die Pflanze Jatropha interessant. Sie wächst auf Brachflächen, die für den Anbau von Nahrungsmitteln kaum zu gebrauchen sind. Mais und Raps, aus denen zum Teil Biosprit für Autos hergestellt wird, sind dagegen für die hohen Temperaturen in Flugzeugtriebwerken nicht geeignet und nicht energiehaltig genug. Der FAS-Artikel zählt allerdings auch die Probleme auf: Es gibt zu wenig Anbaufläche für Jatropha. Die Gefahr besteht, dass in Schwellenländern der Anbau der Pflanze, wenn entsprechende Preise gezahlt werden, doch in Konkurrenz zu Lebensmitteln tritt.

Eine Ausnahme unter den großen Konzernen bildet die Lufthansa, indem sie ausdrücklich auf Verhaltensrichtlinien verzichtet. Denn für die Lufthansa sei es selbstverständlich, rechtliche, gesellschaftliche und soziale Vorgaben im Unternehmensalltag einzuhalten. Eine mutige Aussage! Eine sehr schöne

Formulierung findet sich zudem, die sich viele Manager hinter die Ohren schreiben sollten: »Wertschöpfung durch Wertschätzung«.

Öffentliche Vorwürfe gegen die Lufthansa halten sich in Grenzen. Der Übernahme der Swiss im Jahr 2007 ging ein wirtschaftlicher Skandal aufseiten der Swiss voraus – aber das ist Geschichte. Etwas turbulent verlief auch die Übernahme von Austrian Airlines im Jahr 2009. Und im Jahr 2011 prüfte das Bundeskartellamt Verträge mit Geschäftskunden. Mehrere große Unternehmen hatten der Lufthansa vorgeworfen, sie verlange Informationen über deren Verträge mit anderen Luftfahrtgesellschaften und unterlaufe so den Wettbewerb.

Ein spezielles Problem sind noch die sogenannten Bonusmeilen, die Vielfliegern gutgeschrieben werden. Damit gerieten auch schon einige deutsche Politiker in die Schlagzeilen. Im Grunde schaffen die Fluggesellschaften hiermit systematisch ein ethisches Problem. Denn die meisten Vielflieger reisen im Auftrag ihres Arbeitgebers. Die Bonusmeilen werden aber dem Kunden privat gutgeschrieben. Es ist dann eine Frage der Regelung zwischen Arbeitgeber und Arbeitnehmer – und eine der Ehrlichkeit –, ob diese Meilen privat genutzt werden. Im Grunde ist dieses System von der Struktur her nichts anderes als Bestechung: Der Kunde wird durch einen privaten Vorteil verführt, möglicherweise nicht das günstigste Angebot für seinen Arbeitgeber herauszusuchen.

LVMH

Die Welt der feinen Leute

Bewertung: ***
Bekannte Marken: Bulgari, Christian Dior, De Beers, Dom
Pérignon, Givenchy, Guerlain, Hennessy, Hublot, Kenzo, Louis
Vuitton, Moët & Chandon, TAG Heuer, Veuve Clicquot
Umsatz: 23,7 Milliarden Euro (28,8 Mrd. Franken)
Gewinn: 3,5 Milliarden Euro (4,3 Mrd. Franken)
Beschäftigte: 97 559
Sitz: Paris
Rating: Oekom Research C-, SAM Bronze, Wegreen-Ampel rot

Thorstein Veblen schrieb vor über 100 Jahren »Die Theorie der
feinen Leute«. Ein wichtiger Begriff dieser Theorie ist der »Gel-
tungskonsum«: Man leistet sich etwas, um zu zeigen, dass man
es sich leisten kann. Das kann sogar dazu führen, dass bestimmte
Waren gerade deswegen gekauft werden, weil sie teuer sind – das
nennen Ökonomen den Veblen-Effekt. Wer zeigen will, dass er
wer ist, muss also seinen Reichtum bis zu einem gewissen Grad
zur Schau stellen. Und zwar mit seinem ganzen Lebensstil.

Kein anderer Luxuskonzern verkörpert mit seiner Vielzahl
von Marken einen derart umfassenden Lebensstil wie LVMH.
Und nirgendwo wird das mehr geschätzt als im Fernen Osten –
einem extrem wichtigen Markt für alle Anbieter von Luxusgü-
tern. Aber auch in Europa und in Amerika gibt es Kreise, die sich
zum Beispiel dadurch definieren, dass sie Champagner trinken
und keinen Sekt – unabhängig davon, dass manch einem Sekt
vielleicht sogar besser schmeckt. Diese Kreise sind bei LVMH
vielleicht an der besten, ganz sicher aber an der größten Adresse.

Es wäre gar nicht möglich, wirklich alle Marken von LVMH hier aufzuzählen. Die Abkürzung steht für Louis Vuitton (Mode und Leder), Moët (Champagner) und Hennessy (Cognac). Nebenbei besitzt der Konzern die Mediengruppe Les Echos und Royal van Lent, eine Werft für Luxusjachten.

Grundsätzlich ist das Thema Luxus ethisch nicht zu beanstanden. Auch wer für sich selbst einen asketischen Lebensstil pflegt, findet kaum Argumente, ihn auch anderen Menschen aufzuzwingen. Und wenn man die Ungleichheit und damit Ungerechtigkeit der Welt beklagen will, dann ist Luxus allenfalls der Ausdruck dieser Ungleichheit, aber nicht die Ursache.

Eines der größten ethischen Probleme im Luxusbereich stellen Diamanten dar. Das Thema »Blutdiamanten« wurde inzwischen sogar schon verfilmt. Kritische Organisationen wie Greenpeace werfen Diamantenkonzernen vor, an Bürgerkriegen in Afrika mitzuverdienen. Denn häufig finanzieren sich Rebellen durch den Verkauf von Steinen. Außerdem hat selbst Ian Smillie, der Gründer des »Kimberley«-Prozesses, mit dem die Produzenten sich zu einer moralisch sauberen Arbeit verpflichtet haben, diesen inzwischen für gescheitert erklärt.

LVMH hat vor gut zehn Jahren zusammen mit De Beers, dem größten Diamantenkonzern der Welt, als eigenes Unternehmen De Beers Jewellery gegründet. Seitdem wird der Name De Beers von LVMH auch als Marke geführt. Die in London gegründete gemeinsame Gesellschaft verarbeitet die Diamanten, die sie von De Beers beziehen kann, zu Schmuck – und LVMH soll die entsprechenden Käuferkreise erschließen. Positiv anzumerken ist hier, dass De Beers traditionell einen großen Teil seiner Diamanten aus Botswana bezieht. Und dieses Land ist eines der wenigen Beispiele im südlichen Afrika für einen recht gut funktionierenden Staat. So schrieb die »Wirtschaftswoche« im

Jahr 2006: »In dem Land, wo De Beers seit 1967 Diamanten fördert, verschwanden die Einnahmen aus den Diamantenausfuhren nicht in dunklen Kanälen und auf Schweizer Nummernkonten. Mit dem Erlös aus den Steinen wurden Schulen und Krankenhäuser gebaut, für sauberes Wasser gesorgt.« Das Magazin erwähnte allerdings auch Vorwürfe, nach denen die Regierung gemeinsam mit dem Konzern Buschmänner aus einem Gebiet vertrieben haben soll, in dem nach den teuren Steinen gesucht wurde.

Weil De Beers überwiegend Steine aus eigenen Bergwerken verkauft, ist wenigstens eine Kontrolle möglich, woher die Steine stammen. Bei anderen Schmuckproduzenten, die auf verschiedene Quellen zurückgreifen, dürfte es schwieriger sein festzustellen, wie viel Blut daran klebt. LVMH lässt außerdem nach und nach alle Konzerngesellschaften vom Responsible Jewellery Council zertifizieren, einer brancheneigenen Organisation zur Überwachung der Lieferketten.

Es gibt noch ein weiteres Problem im Zusammenhang mit dem Luxus von LVMH: Bei der Ratingagentur Oekom Research ist als Negativmerkmal »Alkohol« vermerkt. Das ist vor allem für Investoren gedacht, die ihr Geld grundsätzlich nicht in Unternehmen stecken, die Alkohol produzieren – ähnliche Ausschlussgründe sind oft Tabak, Glücksspiel und Waffen. Das gibt Anlass zu der Frage: Ist Alkohol ein ethisches Problem?

Alle Welt redet beim Tabak von den »Mitrauchern«, die gefährdet werden. Aber Alkohol ist bei sehr vielen Verkehrsunfällen im Spiel – und dabei werden häufig Unschuldige getötet. Die Wahrnehmung ist also immer noch etwas einseitig: Welche Drogen als erlaubt gelten und welche streng verboten sind, ist eher eine Frage der Kultur als der tatsächlichen Wirkung. LVMH hat das Problem begriffen: Moët Hennessy hat ein Programm, die

Kunden regelmäßig vor übermäßigem Konsum zu warnen. Es fragt sich allerdings, wie viel das nützt.

Der Konzern bemüht sich auch, Umweltprobleme anzugehen. Guerlain etwa hat den Anteil von Aluminium in der Verpackung reduziert und wirbt bei den Kunden dafür, die leeren Flakons zurückzugeben. Der gesamte Konzern verzichtet auf die Chemikalie Triclosan in allen Kosmetika. Dabei handelt es sich um ein umstrittenes Konservierungsmittel, das möglicherweise die Haut schädigt und sich in der Muttermilch anreichert. Die Weingesellschaft Cape Mentelle ließ sich in Australien per Zertifikat eine umweltschonende Produktion bescheinigen. In der gesamten Gruppe ist der Gebrauch von schädlichen Pflanzenschutzmitteln beim Weinanbau nach eigenen Angaben stark reduziert worden.

Eine Studie der Bank Sarasin stuft die Nachhaltigkeit von LVMH im Rahmen der Luxuxbranche als »überdurchschnittlich« ein (und reiht ihn hinter dem PPR-Konzern ein, zu dem Gucci gehört, aber auf einer Ebene mit Burberry). Sie lobt die Transparenz des Unternehmens, das überwiegend in eigenen Betrieben produziert, außerdem die Tatsache, dass die Leitmarke Louis Vuitton sich über ein Gemeinschaftsunternehmen mit einer Gerberei mit rein pflanzlich gegerbtem Leder versorgt. Insgesamt sind drei Sterne als Bewertung daher auf keinen Fall zu hoch gegriffen.

McDonald's

Eine Art Schlaraffenland

Bewertung: **
Umsatz: 27,0 Milliarden Dollar (20,8 Mrd. Euro, 25,4 Mrd. Franken)
Gewinn: 5,5 Milliarden Dollar (4,2 Mrd. Euro, 5,2 Mrd. Franken)
Beschäftigte: ca. 420 000
Sitz: Oak Brook
Rating: Oekom Research C, SAM Bronze, Wegreen-Ampel gelb

Im Schlaraffenland wächst den Menschen das Essen in den Mund. Das war eine Vision hungriger Jahrhunderte. Fast Food wächst zwar nicht von allein in den Mund hinein. Meist muss man sogar eine Weile dafür anstehen, bis man dran ist an der Theke. Aber dann geht alles ganz leicht: Man hat nichts zu schneiden, keine Gabel zu benutzen, nicht einmal richtig zu kauen. Man muss nur den Mund ganz weit aufmachen können. Und der Geschmack ist dank eindeutig definierter Soßen aus der Fabrik auch garantiert. Was soll das Schlaraffenland noch mehr bieten? Ein bisschen Unterhaltung vielleicht. Aber die gibt es bei McDonald's auch. Jedenfalls für Kinder – die wichtigste Zielgruppe. Denn wer früh das Schlaraffenland kennenlernt, möchte, so hofft der Konzern, nie mehr ganz darauf verzichten.

Als vor Jahrzehnten die ersten McDonald's-Filialen in Europa eröffnet wurden, befürchteten viele, damit werde der Niedergang guter Restaurants eingeleitet. Das hat sich nicht bestätigt – es gibt heute in den meisten Städten mehr feine Restaurants als je zuvor. Aber Fast Food – und niemand steht so sehr für dieses Prinzip wie McDonald's – hat schon die Esskultur verwandelt. McDonald's versucht nach eigener Darstellung immerhin seit 2011, systematisch den Anteil von Gemüse und Früchten in den verkauften Mahlzeiten zu erhöhen.

Heute haben wir das umgekehrte Problem wie die Menschen, die den Traum vom Schlaraffenland ausgesponnen haben. Wir essen heute nicht zu wenig, sondern zu viel, vor allem zu viel vom Falschen. Und das gilt gerade für ärmere Leute in reichen Ländern – und zunehmend auch für die Schwellenländer. Die »VDI nachrichten« zitieren im Oktober 2011 Philip James, den Präsidenten des Internationalen Netzwerks zur Erforschung des Übergewichts: »China ist überzogen von Kentucky Fried Chicken und McDonald's.« Er wirft den Fast-Food-Anbietern und Teilen der Nahrungsmittelindustrie vor, die Menschen krank zu machen. Die Zeitung schreibt weiter: »Nie war kalorienreiches und übersüßtes Essen in den Städten der Schwellenländer derart breit und preiswert verfügbar.« Und sie zitiert auch andere Experten wie den Briten David Barker, der festgestellt hat, dass gerade dann, wenn unterernährte Menschen sich sehr plötzlich auf ein Übermaß an schlechtem Essen umstellen, die Gefahr von Übergewicht und den damit verbundenen Krankheiten besonders groß ist. Denn oft werden Babys von hungrigen Eltern sehr klein geboren, dafür mit einem biologischen Mechanismus, der sie befähigt, Nahrung sehr effizient zu verwerten – und so im Zweifel aber auch Überreserven anzulegen. Im Oktober berichtet das Portal Daily Finance sogar, ein brasilianischer Richter habe einem langjährigen McDonald's-Mitarbeiter zugebilligt, seine Gewichtszunahme um 30 Kilo sei eine Berufskrankheit, bedingt vor allem durch die kostenlose Verköstigung mit der hauseigenen Ware. Alles in allem zeigt sich daher: Die Nähe zum Schlaraffenland ist heute keine Verheißung mehr, sondern ein riesiges Problem.

Ein anderes Thema im Zusammenhang mit Hamburgern ist der Verbrauch an Rindfleisch. Es hängt natürlich von den individuellen Essgewohnheiten ab, wie viel davon ein einzelner Mensch zu sich nimmt und ob er durch Fast Food zusätzlich Fleisch konsumiert oder nicht. Aber man darf wohl unterstellen, dass das Aufblühen des Hamburger-Kults den Konsum von Rindfleisch eher gesteigert hat. Nun ist aber gerade dieses Fleisch, weil es einen hohen Einsatz von Futtermitteln voraussetzt und weil Kühe viel Methan als »Abluft« von sich geben, in größerem Volumen ein ökologischer Sündenfall. Die schädliche Wirkung auf das Klima ist, gemessen am Fleischvolumen, um ein Mehrfaches höher als zum Beispiel bei Schweinefleisch, ganz zu schweigen von einer vegetarischen Ernährung (bei der allerdings Hartkäse auch mit hohem Klimaschaden verbunden ist, wenn auch deutlich weniger als Rindfleisch). Auch der Vorwurf, dass für die Futtermittel Naturflächen gerodet werden müssen, liegt beim Fleischkonsum nah, weil bei einer fleischlosen Ernährung vergleichsweise viel weniger Pflanzen angebaut werden müssen – der Umweg übers Tier ist extrem ineffizient.

Kritik gab es auch immer wieder an McDonald's als Arbeitgeber. Zum Beispiel wird in einem ARD-Bericht vom Januar 2012 ein Fall genannt, bei dem Unstimmigkeiten in der Kasse mit Lohnabzügen bestraft wurden. In einzelnen Fällen verweist der Konzern auf die Franchisenehmer als Verantwortliche und räumt ein, dass er die nur bedingt unter Kontrolle hat. Das wirft die Frage auf: Wie stark ist ein Konzern für diese Franchisenehmer verantwortlich? Es liegt nahe, diese Verantwortung mindestens so hoch anzusetzen wie die für Zulieferer. Denn Franchisenehmer betreiben ihre McDonald's-Filialen zwar als selbstständige Geschäftsleute, aber doch in enger Abhängigkeit vom Konzern, nach dessen Konzept und unter dessen Marke. Im Januar 2010 berichtet das »Handelsblatt« über Vorwürfe, das Unternehmen setze die Franchisenehmer stark unter Druck, ihr Geschäft auszuweiten, und versuche »schwache« Geschäftspartner hinauszudrängen. McDonald's streitet dies allerdings ab.

Man darf aber auch nicht übersehen, dass der Konzern im Rahmen dessen, was sein Geschäftsmodell erlaubt, um vernünftige Standards bemüht ist, daher sind zwei Sterne als Bewertung nicht zu viel. So reagiert er 2006 sofort auf Kritik von Greenpeace am Raubbau im Amazonasgebiet und stoppt die Lieferung von Fleisch von dort. Gemeinsam mit dem WWF analysiert er 2010 die Zulieferketten. Es gibt die Vorgabe, dass jede Fleisch- oder Geflügelfabrik einmal im Jahr kontrolliert wird, um den Tierschutz zu garantieren, über diese Audits wird auch Buch geführt und berichtet. Das Unternehmen erläutert auch sehr genau, wie Tiere getötet und zum Teil vorher mit Gas betäubt werden, und erklärt die Vor- und Nachteile der Methoden. Es verteidigt allerdings die Käfighaltung von Geflügel, weil die angeblich die Ausbreitung von Krankheiten verhindert. Wer einmal Bilder von Bodenhaltung gesehen hat, wo Tausende von Vögeln dicht an dicht hocken, fragt sich allerdings auch, ob das gegenüber Käfigen für die Tiere ein großer Fortschritt ist.

Microsoft

Die Gates-Legende

Bewertung:***
Bekannte Marken: Bing, Excel, Power Point, Skype, Windows,
Word, XBox
Umsatz: 73,7 Milliarden Dollar (58,6 Mrd. Euro, 70,4 Mrd. Franken)
Gewinn: 17,0 Milliarden Dollar (13,5 Mrd. Euro, 16,2 Mrd. Franken)
Beschäftigte: ca. 94 000
Sitz: Redmond
Rating: Oekom Research C und Prime Status,
Wegreen-Ampel gelb

Eigentlich geht es in diesem Buch um Unternehmen und nicht um Unternehmensgründer. Aber bei Microsoft sollte man eine Ausnahme machen. Und nur diese Ausnahme ist die Begründung dafür, dem Konzern fünf Sterne als Bewertung zu geben. Die Sterne gehören eigentlich der Stiftung, die Bill Gates und seine Frau Melinda ins Leben gerufen haben. Sie wird zum größten Teil aus dem Privatvermögen von Gates gespeist, der sein Geld als Gründer und Großaktionär von Microsoft gemacht hat. Der Milliardär Warren Buffett, wie Gates einer der reichsten Männer der Welt und mit ihm befreundet, hat der Stiftung allerdings auch den größten Teil seines Vermögens zugesagt.

Die Stiftung stellt vom Volumen her jede andere weit in den Schatten. Die offizielle Bilanz der Stiftung wies 37 Milliarden Dollar für Ende 2010 aus. In einem Interview des »Kölner Stadt-Anzeigers« mit Melinda Gates vom April 2012 heißt es, das Ehepaar habe 25 Milliarden in die Stiftung eingebracht. Die Stiftung widmet sich vor allem der Bekämpfung von Krankheit und Armut in Schwellenländern, versucht zum Beispiel Medikamente gegen Aids verfügbar zu machen, unterstützt aber auch Forschungsprojekte und engagiert sich in der Landwirtschaft. Allein 4,5 Milliarden Dollar sind laut Interview in die Entwicklung neuer Impfstoffe geflossen.

Dabei stößt die Stiftung bisweilen auf harte Kritik. So wirft die »Los Angeles Times« ihr im Jahr 2007 vor, in Aktien von Unternehmen zu investieren, die zur Umweltzerstörung beitragen. Im selben Jahr hält Greenpeace dem Ehepaar Gates vor, in Fragen der Landwirtschaft zu sehr auf moderne Technik zu vertrauen, statt eine lokal angepasste Entwicklung zu fördern. Eine Gefahr ist sicher, dass die Stiftung wegen ihrer großen Geldmittel häufig sehr starken Einfluss darauf nimmt, was überhaupt an Entwicklungsarbeit passiert – und dass andere Organisationen daneben an Einfluss verlieren. Letztlich betreiben so Privatleute, ohne demokratisch legitimierten Auftrag, auch Politik.

Man kann die Stiftung hart kritisieren und sollte das auch tun, aber ohne dabei aus den Augen zu verlieren, dass sie ein großartiges Projekt ist.

Es sind noch weitere Kritikpunkte denkbar. Einer wäre, dass Gates mit der Stiftung auch seine persönliche Eitelkeit pflegt. Nur: Der persönliche Stil von Gates ist nicht auffallend eitel. Und wer im großen Umfang Geld für gute Zwecke einsetzt, kommt gar nicht daran vorbei, damit auch bekannt zu werden: Das eine ist ohne das andere nicht zu haben.

Der dritte Kritikpunkt wäre: Gates verdankt sein Vermögen nicht nur seiner Genialität, sondern auch einer bisweilen rüden Unternehmenspolitik gegenüber Konkurrenten. Und hiermit kommen wir zum Microsoft-Konzern selbst, der, wenn man die Stiftung ausklammert, wohl nur zwei Sterne verdient hätte.

Microsoft war auch der erste Konzern, der in der schönen neuen virtuellen Welt versucht hat, eine Monopolposition zu erlangen. Legendär ist mittlerweile, wie Microsoft die Browserfirma Netscape an die Wand gedrückt und es mit anderen Konkurrenten, etwa Sun, zumindest auch versucht hat. Legendär ist auch die Auseinandersetzung zwischen Microsoft und der EU-Kommission. 2009 verpflichten sich die Amerikaner, nicht mehr ihren eigenen Explorer automatisch mit Windows zu verknüpfen, sondern den Kunden die Wahl zwischen verschiedenen Browsern zu lassen. In den Jahren davor hat die Kommission in ähnlichen Fällen das Unternehmen mit Bußgeldern belegt, die sich nach Angabe der »Frankfurter Allgemeinen Zeitung« (FAZ) auf knapp 1,7 Milliarden Euro summieren.

Im Jahr 2005 zahlt Microsoft 775 Millionen Dollar, um einen Kartellstreit in Amerika beizulegen, an Sun überweist es nach einem Streit sogar 1,6 Milliarden Dollar. Umgekehrt beschwert sich Microsoft 2012 bei der EU-Kommission über angeblich überhöhte Patentgebühren von Motorola, einer Tochtergesellschaft von Google. Die Verbissenheit, mit der sich heute alle großen Firmen in dieser neuen Welt – auch Google, Facebook, Apple und Samsung – gegenseitig mit Prozessen überziehen, ist nicht verwunderlich: Häufig setzt sich auf einem Gebiet einer weltweit durch und macht das ganz große Geld, während die anderen leer ausgehen. Und wer seine Vormachtstellung verliert oder an irgendeiner Stelle zu spät kommt, der verschwindet schnell in der Bedeutungslosigkeit. Microsoft hat seinen Kernbereich immer – noch – verteidigen können, aber liegt zum Beispiel mit seiner Suchmaschine Bing hoffnungslos hinter Google zurück und hat 2012 sogar einen eigenen Computer vorgestellt, um sich den Absatz seiner Software langfristig zu sichern.

Bei diesem Wettbewerb spielen vor allem zwei Dinge eine Rolle. Die Macht der Gewohnheit bei den Kunden und der Effekt: Wer die Masse der Kunden hat, kann die Standards setzen (wie Microsoft beim Word-Programm), und wer die Standards setzt, bekommt die Massen der Kunden. Daher ist es schon richtig: Der Reichtum der Gates-Stiftung rührt auch daher, dass Gates erfolgreich Monopole aufgebaut und entsprechende Gewinne abgeschöpft hat. Aber das passiert auch bei anderen Unternehmen – nur in kleinerem Maßstab, und andere Unternehmer geben ihr Geld nicht unbedingt in eine Stiftung.

Wer sich die Berichte von Microsoft anschaut, stellt fest, dass der Konzern Umweltprobleme, vor allem den hohen Energieverbrauch der Rechenzentren, sehr offen anspricht und auch an einer Verbesserung arbeitet. Außerdem weist er eine Menge Sachspenden für gute Zwecke aus. Dabei handelt es sich meist um kostenlose Software. Der Konzern bewertet die Spenden zum Marktpreis, hat aber durch die Abgabe zusätzlicher Kopien zum Beispiel an Schulen natürlich kaum direkte Kosten. Microsoft ist wie andere Elektronikkonzerne auch auf chinesische Zulieferer angewiesen. Im Januar 2012 ereignet sich eine dramatische Aktion: 300 Beschäftigte, die beim Zulieferer Foxconn die X-Box herstellen, drohen mit Massenselbstmord, um höhere Löhne durchzusetzen. Wie gesagt: Die fünf Sterne gehören eigentlich der Stiftung.

Miele

Die Entdeckung der Langlebigkeit

Bewertung: ****
Umsatz: 3,0 Milliarden Euro (3,6 Mrd. Franken)
Beschäftigte: 16 624
Sitz: Gütersloh
Rating: Wegreen-Ampel gelb

Miele ist beinahe ein Symbol für alles, was Kunden auch im Ausland an deutschen Unternehmen schätzen – und worauf sich Deutsche besonders viel einbilden. Die Firma ist mehr als 100 Jahre alt, fest im Besitz der Gründerfamilien, die auch im Management an erster Stelle vertreten sind, hat technisch einen hervorragenden Ruf, ihre Produkte sind nicht gerade billig und gelten als ausgesprochen langlebig. Anders als viele spezialisierte Maschinenbauer ist das Unternehmen zusätzlich als Markenartikler weltweit sehr bekannt.

Bei Miele denkt man zuerst an Waschmaschinen, aber die Firma stellt auch eine ganze Reihe anderer Haushaltsgeräte her. Seit 1927 produziert Miele Staubsauger, 1929 kam das Unternehmen als Erstes in Europa mit einer elektrischen Spülmaschine für den Hausgebrauch auf den Markt, mit dem Slogan: »Wenn Vater abwaschen müsste, kaufte er noch heute eine Miele-Geschirrspülmaschine.« In der langen Geschichte der Gesellschaft waren für kurze Zeit sogar Autos und Motorräder im Programm.

Miele hat also einen Ruf wie Donnerhall. Aber ist der auch berechtigt? Ein Abruf der Daten von »Stiftung Warentest« Anfang 2012 ergibt folgendes Ergebnis: Als beste Waschmaschine von Miele liegt bei den – üblichen – Frontladern das Modell W

1914 WPS mit einer Note von 1,8 auf Platz fünf sehr knapp hinter je zwei Geräten von Bosch und Siemens, die allesamt mit 1,7 bewertet waren. Im Dauertest, der ja etwas über die Langlebigkeit aussagt, schneiden alle fünf Maschinen an der Spitze der Tabelle mit »sehr gut« ab, ähnlich gleichmäßig sieht es bei den Umwelteigenschaften aus. Höher ist der Preis der Miele-Maschine: Er wird von der »Stiftung Warentest« mit 950 Euro als durchschnittlicher Onlinepreis angegeben, die vier vorderen Maschinen liegen dagegen zwischen 680 und 740 Euro.

Fazit: Das Testergebnis ist schon sehr gut, aber eben auch nicht besser als das anderer Maschinen, die deutlich billiger sind.

Positiv zu werten ist aber, dass Miele das Thema Langlebigkeit ganz offensiv herausstellt, auch gegenüber den Kunden. Es gibt nur wenige Hersteller von Konsumgütern, die das tun, ein anderes Beispiel wäre Vorwerk. Miele hat eine Studie des Öko-Instituts aus dem Jahr 2010 veröffentlicht, gemäß der es besser ist, Waschmaschinen lange zu benutzen – bis zu 20 Jahre. Denn der Einspareffekt neuer Geräte sei nicht so hoch, dass er die Energie für die Herstellung kompensieren könne. Das Unternehmen bietet im Internet auch Rechentabellen an, die helfen sollen zu entscheiden, ob sich der Kauf einer neuen Wasch- oder Spülmaschine lohnt.

Tradition hat bei Miele auch die relativ große Fertigungstiefe von rund 50 Prozent. Während manche Hersteller, zum Beispiel in der Bekleidungs- oder der Elektronikbranche, ihre Waren praktisch komplett von Zulieferern bauen lassen, macht Miele rund die Hälfte selbst. Das allein sichert bereits eine relativ gute Kontrolle über die sozialen und ökologischen Bedingungen, zumal mehr als die Hälfte der Beschäftigten in Deutschland arbeitet.

Die Lieferanten teilt das Unternehmen in verschiedene Risikoklassen ein und kontrolliert entsprechend mehr oder weniger intensiv die Einhaltung seiner Leitlinien. Miele produziert auch in China und Tschechien. Dort wird der Lohn an den Lebenshaltungskosten ausgerichtet – in China bedeutete diese Umstellung nach Aussage des Unternehmens eine Lohnerhöhung. Auch diese Ausrichtung auf eine »Living Wage«, wie das in der angelsächsischen Literatur genannt wird, stellt einen eindeutigen Vorsprung gegenüber Konzernen dar, die lediglich die Einhaltung gesetzlicher Mindestlöhne kontrollieren. Sie ist freilich für ein Unternehmen, das seine Waren teuer verkaufen kann, leichter umzusetzen als für Billiganbieter.

In Deutschland achtet der Konzern auf die Familienverhältnisse der Mitarbeiter. Bei der Zentrale in Gütersloh gibt es eine eigene Tagesstätte für Kinder unter drei Jahren, die abends bis 19 Uhr geöffnet hat, der Arbeitgeber übernimmt die Hälfte der Kosten.

Die Berichte der Firma über ihre Umweltbilanzen sind sehr detailliert und verständlich. Dargestellt wird unter anderem, wie sich der Energieverbrauch bestimmter Geräte im Laufe der Jahre entwickelt hat. Bei manchen Kühlgeräten ist er zum Beispiel seit 1990 um rund 60 Prozent gesunken.

Öffentliche Kritik an der Firma findet sich relativ selten. Vor gut 20 Jahren gab es Krach mit Greenpeace: Die Organisation hatte zusammen mit einem kleinen ostdeutschen Hersteller, der heute zu EFS gehört, den ersten FCKW-freien Kühlschrank entwickelt. Das war ein wichtiges Projekt, weil dieses bis dahin verwendete Gas besonders gefährlich für die Ozonschicht ist und als rund 10 000-mal schädlicher für das Klima gilt als CO_2. Sieben Hersteller, darunter neben Miele auch Bosch, Siemens und andere bekannte Namen, veröffentlichten damals eine gemeinsame Warnung vor dem neuen Gerät und sagten ihm zahlreiche Mängel nach, was zu einer heftigen Kontroverse führte. Inzwischen wird FCKW als Kälte- oder Isoliermittel schon längst nicht mehr verwendet.

Dieser Vorgang ist freilich schon sehr lange her. Im Jahr 2011 wirft aber die Deutsche Umwelthilfe Miele und anderen Herstellern wie Bosch, Siemens, Electrolux, Bauknecht und Liebherr vor, FCKW aus ausrangierten Kühlgeräten in Deutschland nicht so fachgerecht zu entsorgen, wie dies in Österreich, Luxemburg, der Schweiz und skandinavischen Staaten praktiziert werde. Die Hersteller lassen über ihren Verband die Vorwürfe zurückweisen und werfen umgekehrt der Umwelthilfe vor, mit falschen Zahlen zu operieren: Die Rückgewinnungsquote liege bei über 80 Prozent und nicht nur zwischen 44 und 58 Prozent, wie von der Organisation behauptet.

Wenn auch die Bilanz von Miele nicht völlig lupenrein sein mag, sind doch vier Sterne als Bewertung gerechtfertigt. Ausschlaggebend hierfür ist vor allem die Strategie, den langfristigen Gebrauch der Produkte zu fördern. Aber auch der hohe Anteil der Eigenfertigung und das Konzept, den Mindestlohn im Ausland an den Lebenshaltungskosten zu orientieren, finden dabei Berücksichtigung. Und letztlich muss man festhalten: Haushaltsgeräte sind aus dem modernen Leben nicht mehr wegzudenken. Ausnahmen davon stellen vielleicht Spülmaschinen, Trockner und Tiefkühltruhen dar, die keineswegs unverzichtbar sind.

Nestlé

Kaum Schokoladenseiten

Bewertung: **
Bekannte Marken: After Eight, Alete, Beba, Buitoni, Caro, Choco
Crossies, Contrex, Felix, Herta, KitKat, Lion, Maggi, Mövenpick,
Nescafé, Nespresso, Nesquick, Nuts, Pure Life, S. Pellegrino,
Smarties, Thomy, Vittel
Umsatz: 83,6 Milliarden Franken (67,8 Mrd. Euro)
Gewinn: 9,8 Milliarden Franken (8,1 Mrd. Euro)
Beschäftigte: 327 537
Sitz: Vevey
Rating: Oekom Research C+ und Prime Status, SAM Silber,
Wegreen-Ampel gelb

Der größte Lebensmittelkonzern weltweit wird seit Jahrzehnten
von einem Thema verfolgt, das unangenehmer für das Image
nicht sein könnte: die Gesundheit von Babys. Schon im Jahr
1974 griffen Kritiker die Schweizer mit dem Slogan »Nestlé tötet
Babys« an. Es war eine der frühesten und von der Wortwahl her
dramatischsten Kampagnen, die es überhaupt gegen Unternehmen gegeben hat. Im Mai 2011 greift die Kinderhilfsorganisa-
tion Unicef das Thema wieder auf. Sie bezeichnet die Werbung
für Muttermilch-Ersatznahrung in vielen Schwellenländern als
grob fahrlässig. Und sie wirft Nestlé zusammen mit den Konkurrenten Pfizer-Wyeth und Danone-Nutricia-Milupa vor, am Tod
von 1,5 Millionen Babys mitschuldig zu sein. Das zeigt: Nestlé
kommt nicht los von dem Thema. Im April 2012 übernimmt der
Konzern sogar noch die Babynahrungssparte von Pfizer für
knapp zwölf Milliarden Dollar: Der Kaufpreis zeigt, um was für

ein enormes Geschäft es sich handelt. Nestlé wirbt nun auf seiner Website für das Stillen, um sich gegen die Vorwürfe zu schützen. Hintergrund der Vorwürfe ist die Erfahrung, dass Babynahrung aus Milchpulver in Schwellenländern häufig mit Wasser angerührt wird, in dem gefährliche Keime lauern. Die Folge können Durchfallerkrankungen sein, die in vielen armen Ländern ohnehin eine der häufigsten Todesursachen von Kleinkindern sind. Dazu kommt, dass Mediziner häufig empfehlen, Kinder mindestens ein halbes Jahr lang zu stillen. Auf der anderen Seite darf man nicht übersehen: Wo immer Mütter Probleme mit dem Stillen haben oder sich dagegen entscheiden, sind diese Produkte unverzichtbar. Außerdem hat Nestlé Anstrengungen unternommen, das Marketing für diese Produkte in die richtige Spur zu bekommen – nach eigenen Angaben war das ein Grund für die Aufnahme in den Ethik-Index FTSE4Good.

Aber auch Angebote für ältere Kinder sind ein Thema: Die Organisation Foodwatch fordert die Schweizer immer wieder auf, den Zuckergehalt in ihren Produkten zu senken. Ein weiteres, ebenfalls sehr heikles Thema heißt Kinderarbeit. Nestlé räumt offen ein, dass dieses Problem nicht gelöst ist. Als großer Schokoladenhersteller braucht der Konzern Kakao, und der wird zu großen Teilen in kleineren Familienbetrieben in Westafrika angebaut. Bei diesen Familien ist die Mitarbeit von Kindern bei der Ernte aber heute zum Teil noch genauso normal, wie früher auch in Europa Bauernkinder mit eingesetzt wurden. Allerdings ist das nicht alles. Ein Fernsehbericht, der Mitte 2011 im Norddeutschen Rundfunk läuft, zeigt auf, dass zum Teil auch Kinder gezielt angeworben und sogar über Landesgrenzen hinweg an Kakaoplantagen vermittelt werden – das kann man getrost als Kinderhandel bezeichnen. Das Institut Südwind schreibt im April 2012: »Die Armut der Bauern hat dazu geführt, dass allein in

Ghana und der Elfenbeinküste aktuellen Studien zufolge jeweils mehr als 250 000 Kinder auf den Kakaoplantagen arbeiten.« Nestlé will daher nach und nach den Bezug auf zertifizierte Quellen umstellen. Bis 2013 sollen rund 15 Prozent des Kakaos von Farmen kommen, die nach dem Nestlé-Cocoa-Plan arbeiten. Dessen Ziel ist, die Effizienz der Farmen so zu steigern, dass sie auf Kinderarbeit verzichten können. Allerdings bleiben die Angaben des Konzerns dazu vage. Nestlé selbst identifiziert noch weitere Problemfelder. Eines heißt Palmöl – es wird zum Beispiel für die Herstellung von Schokoriegeln wie KitKat gebraucht. Zum Teil werden die Palmen auf Feldern angebaut, die durch Rodung von Dschungelgebieten entstanden sind. Ab 2015 will der Konzern aber nur noch zertifiziertes Öl verwenden. Greenpeace befürchtet allerdings, dass indirekt auch über dieses Jahr hinaus noch Palmöl aus problematischen Quellen bezogen wird.

Ein weiteres Thema, das vom Management selbst als »Reputationsrisiko« eingestuft wird, heißt schlicht Wasser. Das Geschäft mit Wasser in Flaschen ist in der Tat eine merkwürdige Veranstaltung. Gerade die großen Marken transportieren aber Wassermengen in Gegenden, wo es genug eigenes gäbe. Nestlé versucht aber wenigstens, die Energieverschwendung zu mindern, so wird etwa San Pellegrino in Deutschland zum Teil mit der Bahn befördert. Im Jahr 2012 wird aber im Schweizer Dokumentarfilm »Bottled Life« der Vorwurf erhoben, der Konzern trage mit seinen Tiefbohrungen für die Wassermarke »Pure Life« zum Absinken des Grundwasserspiegels in einer Region Pakistans bei. Der Konzern weist dies zurück.

Letztlich fragt sich, wie sinnvoll überhaupt fertig verarbeitete Lebensmittel sind. Häufig sind sie mit mehr Verpackung, längeren Transporten und oft auch stärkerem Zusatz von Zucker oder Salz verbunden als weitgehend naturbelassene, am besten aus der Region stammende Produkte. Instantkaffee, der berühmte Nescafé, ist nach einer konzerneigenen Studie allerdings ökologisch sogar besonders günstig, weil die Bohnen auf diesem Weg mehr Tassen Kaffee ergeben sollen und das Pulver leicht zu transportieren ist. Auf der anderen Seite erzeugen Kapselprodukte wie Nespresso viel überflüssigen Abfall.

Ergänzend kann man noch erwähnen, dass es im Jahr 2008 eine Kampagne gegen Nestlé wegen der Verletzung von Arbeitnehmerrechten in Indonesien gab – weitere, ältere Vorwürfe beziehen sich auf Kolumbien. Ist bei so vielen und vor allem so harten Vorwürfen überhaupt noch eine Bewertung mit zwei Sternen zu rechtfertigen? Dafür spricht, dass der Konzern die meisten Probleme offen zugibt und Anstrengungen unternimmt, sie zu lösen. Ein Beispiel ist die Kaffeeproduktion, wo es klare Richtlinien für die Lieferanten und Hilfsprogramme für Bauern in Kolumbien gibt, die freilich immer auch einen kommerziellen Hintergrund haben. Zu erwähnen ist auch ein Programm zur Verbesserung der Milchproduktion in Brasilien. Trotzdem enthält die Bewertung mit zwei Sternen etwas Vorschuss an Vertrauen, dass der Konzern die Probleme wirklich ernst nimmt.

Nike

Mehr als Symbolik

Bewertung: **

Umsatz: 24,1 Milliarden Dollar (19,4 Mrd. Euro, 23,3 Mrd. Franken)

Gewinn: 2,2 Milliarden Dollar (1,8 Mrd. Euro, 2,1 Mrd. Franken)

Beschäftigte: ca. 44 000

Sitz: Beaverton

Rating: Oekom Research C+ und Prime Status, SAM Silber, Wegreen-Ampel gelb

Nike und Adidas sind zwei große Konkurrenten. Wer produziert den coolsten Schuh für die ganze Welt? Kein Wunder, dass sich Adidas-Chef Herbert Hainer zu einer bissigen Bemerkung gegenüber dem amerikanischen Konkurrenten hinreißen ließ, und zwar in einem Interview, das Anfang April 2010 in der »Wirtschaftswoche« erschienen ist. Damals stand die Fußball-Weltmeisterschaft in Südafrika vor der Tür. Nike hatte angekündigt, die Fan-Trikots seiner WM-Teams wie Brasilien und Portugal seien zu 100 Prozent aus recycelten Plastikflaschen hergestellt. Darauf angesprochen, sagt Hainer:»Wir suchen uns nicht ein publikumsträchtiges Symbol heraus, sondern setzen auf eine langfristige Strategie, die für alle Beteiligten mehr bringt – für uns als Unternehmen, aber auch für Konsumenten, Mitarbeiter und Umwelt.«

Natürlich hat Hainer recht: Viel mehr als ein Symbol ist das nicht, für so ein einmaliges »Event« Shirts aus Plastikmüll herzustellen. Allerdings muss man hier zweierlei einwenden: Erstens sind auch Symbole wichtig, wenn man etwas verändern möchte. Schließlich haben Marken wie Nike und Adidas letztlich ja auch nur symbolische Bedeutung – und dennoch eine sehr große Wirkung, wie man am Erfolg dieser Firmen ablesen kann. Der zweite Einwand: Symbole und eine langfristige Strategie schließen sich nicht aus. Für Olympia 2012 hat übrigens Adidas die Helfer – immerhin rund 80 000 Leute – auch mit Recyclingmaterial eingekleidet; Nike hat im gleichen Jahr die Trikots der Fußball-Europameisterschaft aus rund 13 recycelten Plastikflaschen pro Stück hergestellt.

So viel zu den Symbolen. Vergleicht man, was Adidas und Nike über sich selbst und ihre Aktivitäten im ethischen Bereich berichten, mit dem, was den Konzernen öffentlich vorgeworfen wird, dann zeigen sich keine großen Unterschiede. Wenn kritische Organisationen sich zu Wort melden, dann werden oft Adidas und Nike in einem Atemzug genannt. Das ist auch nicht erstaunlich, denn häufig lassen sie bei ganz ähnlichen oder vielleicht sogar denselben Zulieferern ihre Schuhe und andere Kleidungsstücke herstellen. Die zwei Sterne als Bewertung bringen daher die grundsätzliche Problematik des Geschäftsmodells zum Ausdruck: Produziert wird zu meist bescheidenen Löhnen und für »westliche« Maßstäbe unannehmbaren Arbeitsbedingungen in Schwellenländern. Hergestellt werden die Schuhe zum Beispiel in China, Thailand, Indonesien, Malaysia, Vietnam, der Türkei, Sri Lanka, Kambodscha, Taiwan, El Salvador, Mexiko, Indien und Israel.

Bei Nike ist positiv hervorzuheben, dass der Konzern schon im Jahresbericht 2005 rund 700 Standorte veröffentlicht hat, an denen produziert wird. Die »Kampagne für saubere Kleidung« hebt dies als Beitrag zur Transparenz hervor, kritisiert aber gleichzeitig, der Konzern verlagere seine Produktion ständig dahin, wo es am billigsten sei und wo die Arbeitnehmer am besten unterdrückt werden könnten. Wie die FAZ im Januar 2012 berichtet, lässt sich Nike danach aber auf eine »epochemachende« Vereinbarung in Indonesien ein, die auf erheblichen Druck der Gewerkschaften zustande kommt: Der Konzern zahlt gut eine Million Dollar an rund 4500 Beschäftigte, denen von einem Zulieferer insgesamt fast 600 000 Überstunden nicht bezahlt worden sind. Die Zeitung schreibt dazu: »Der Schritt dürfte auch andere Sportartikel- und Textilhersteller zwingen, Nachzahlungen zu leisten. Gewerkschafter kündigten an, ihren Kampf für gerechtere Arbeitsbedingungen nun ausweiten zu wollen.«

Die Produktion in Schwellenländern ganz abzulehnen, wäre auch ein möglicher ethischer Standpunkt. Man wäre dann meist auf kleinere oder weniger bekannte Marken angewiesen – die großen kommen selten mit Fabriken in Europa oder anderen entwickelten Ländern aus. In Deutschland wirbt vor allem Trigema offensiv damit, seine Shirts nur in Deutschland zu produzieren. Es gibt aber auch Laufschuhe »made in Germany« – etwa von der Marke Lunge. Oder die amerikanische Marke »New Balance«, die für den europäischen Markt in England in eigenen Fabriken produziert. Die Beispiele zeigen, dass man nicht nach Fernost gehen muss, um konkurrenzfähig zu sein. Das bedeutet aber nicht, dass die Produktion der Massen an Bekleidung, die heute in Fernost hergestellt werden, ohne Weiteres in Länder mit höheren Löhnen verlagert werden könnte.

Bei den eigenen Berichten des Nike-Konzerns lohnt es sich durchaus, die Passagen über die Zusammenarbeit mit Zulieferern zu lesen. Nike betont dort, dass Kontrollen zwar gut sind, aber durchaus nicht ausreichen, weil sie nur die Symptome bekämpfen. Der Konzern strebt daher eine längerfristige Arbeitsbeziehung an, um kontinuierlich an einer Verbesserung sozialer und ökologischer Standards zu arbeiten. Nach seiner Eigendarstellung will Nike wirkliche Managementsysteme bei den Zulieferern aufbauen, statt nur von Fall zu Fall die Ergebnisse zu kontrollieren. Anschaulich beschreiben die Amerikaner dabei auch die sehr unterschiedlich ausfallenden Erfolge. So gibt es »Jo-Jo-Betriebe«, die sich nach einer Kontrolle zwar verbessern, aber später wieder auf das alte Niveau zurückfallen. Die Amerikaner wollen sich vor allem auf die 20 Prozent an Zulieferern konzentrieren, die rund 80 Prozent der Ware liefern. Außerdem möchte der Konzern in rund 30 Prozent der Fälle bei der Kontrolle und Betreuung der Zulieferer mit Konkurrenten, die ebenfalls dort produzieren lassen, zusammenarbeiten.

Das alles klingt vernünftig – lässt aber hinreichend große Lücken, sodass der Konzern immer wieder in die Schlagzeilen geraten kann. Denn wenn zum Beispiel menschenunwürdige Arbeitsbedingungen kritisiert werden, spielt es für die Wirkung in den Medien und der Öffentlichkeit oft nur eine untergeordnete Rolle, wie groß der jeweilige Betrieb und wie hoch sein Anteil am gesamten Absatz des Konzerns ist. Trotzdem lässt sich anhand der Presseberichte nachvollziehen, dass es insgesamt etwas ruhiger um Nike geworden ist, nachdem der Konzern noch in den 80er- oder 90er-Jahren ein Lieblingsfeind vieler Kritiker war.

Nintendo

Super Mario in Not

Bewertung: ***
Umsatz: 648 Milliarden Yen (5,9 Mrd. Euro, 7,1 Mrd. Franken)
Verlust: 43 Milliarden Yen (392 Mill. Euro, 472 Mill. Franken)
Beschäftigte: 4928
Sitz: Kyoto
Rating: Wegreen-Ampel rot

Die Eltern fragen: »Ich habe gehört, dass Videospiele Kinder eher zu sozialen Außenseitern machen. Muss ich mir darüber Sorgen machen?« Nintendo antwortet: »Während das Spielen von Videospielen für Kinder ebenso eine Flucht wie das Lesen eines Buches oder das Ansehen eines Films sein kann, so gibt es doch sehr viele Spiele mit einem Mehrspielermodus, die ein gemeinsames Spielen ermöglichen und somit eine soziale Umgebung fördern.« Dieser Ausschnitt aus den FAQ, den häufig gestellten Fragen, und den passenden Antworten auf der Homepage zeigt deutlich das wichtigste Problem von Nintendo: die Zustimmung der Eltern zu gewinnen.

Nintendo steht hier für zwei Phänomene. Einmal für die ungeheure Vielfalt, aber auch die Probleme der japanischen Elektronikindustrie und für elektronische Spiele. Bekannte, weit größere Elektroniknamen aus Japan sind etwa Sony, Nikon, Canon oder Panasonic. Unübersehbar ist aber, dass die Branche dort seit einigen Jahren in Schwierigkeiten steckt. Der Walkman von Sony wurde längst vom iPod abgelöst. Fernseher und Kameras sind nicht mehr die heißesten Produkte, sondern Stapelware geworden. Und Nintendo rutschte 2011 nach Jahrzehnten guter Gewinne tief in die roten Zahlen, nachdem sich vor allem die Konkurrenz von Spielen auf Smartphones oder ähnlichen Universalgeräten bemerkbar machte und zu einem starken Umsatzeinbruch führte.

So ist Nintendo ein Vorreiter als Anbieter von elektronischen Spielen gewesen, die in den letzten Jahren einen ungeheuren Aufschwung erlebt haben, droht aber jetzt selbst ins Abseits gedrängt zu werden. Konzernchef Satoru Iwata betont im Juli 2012 in einem Interview mit der FAZ aber, er wolle keineswegs dazu übergehen, Spiele außerhalb der eigenen Konsole anzubieten. Für 2011 hat er wegen der Verluste auf zwei Drittel seines Gehalts verzichtet.

Nintendo wurde bereits 1889 gegründet. Von Anfang an hatte es mit Spielen zu tun, lange Zeit produzierte es vor allem Kartenspiele. Seit den 70er-Jahren gibt es die Spielkonsole. Und bis heute hat Nintendo eine einzigartige Position: Kein anderer Konzern konzentriert sich gleichermaßen auf das Thema Spiele und bietet dabei Hard- und Software aus einer Hand an. Wichtigste Konkurrenten sind die Playstation von Sony und die Xbox von Microsoft. Legendär wurde die Fantasiefigur Super Mario von Nintendo. Und einen weiteren Meilenstein bedeutete die »Wii-Sports«, eine Konsole, mit der man zum Beispiel »virtuell«, aber mit echtem Körpereinsatz Tennis spielen kann.

Spiele gelten als unverzichtbar für Kinder, aber auch als Gewinn für Erwachsene. Zugleich wird vor Spielsucht gewarnt. Dieses Wort fiel früher vor allem im Zusammenhang mit Glücksspiel. Heute kann damit auch der Hang gemeint sein, sich unkontrolliert in elektronischen Welten zu verlieren. Und die sind ja längst nicht mehr, wie bei Nintendo, an bestimmte Geräte gebunden, sondern im Internet, mobil und häufig gratis erreichbar. Das Angebot reicht von kleinen Ablenkungsprogrammen bis zu komplexen Aufgaben, die entweder gegen die Maschine oder gegeneinander gespielt werden.

Viele Eltern plagen aber vor allem Sorgen, wenn ihre Kinder zu viel Zeit mit Computerspielen verbringen. Sie fürchten, dass sie das von der Arbeit für die Schule abhält oder dass die Spiele der Konzentration schaden. Regelmäßig taucht die Frage auf, ob Spiele mit gewalttätigen Themen bei Jugendlichen die Gewaltbereitschaft erhöhen. Auch die Sorge, dass gerade die optisch ansprechenden Spiele für Realitätsverlust sorgen, gibt es. Der Trendforscher Matthias Horx meinte dazu allerdings im Juni 2006 gegenüber »Börse online«: »Das Gleiche wurde einst dem Buch vorgeworfen.«

Schaut man sich vor diesem Hintergrund Nintendo an, so fällt dreierlei positiv auf: Erstens ist bei der Konsole die Kontrolle darüber, was überhaupt gespielt wird, einfacher als in den Weiten des Internets. Zweitens bemüht sich Nintendo offensichtlich, auf die Sorgen von Eltern einzugehen (neben der offiziellen Website gibt es noch ntower.de; diese Seite bezeichnet sich als »inoffizielles und unabhängiges Informationsmagazin für Nintendo-Produkte«). Dazu gehören zum Beispiel auch die Empfehlung und die technische Möglichkeit, dreidimensionale Spiele für kleinere Kinder auf zwei Dimensionen umzustellen, weil es Studien gibt, die dies aus gesundheitlichen Gründen empfehlen. Allerdings haben offenbar auch manche Erwachsene Probleme mit drei Dimensionen und bekommen davon Kopfschmerzen. Im Jahr 2011 gibt Nintendo daher die Empfehlung heraus, öfter mal eine Pause einzulegen, und verweist darauf, diese Probleme würden mit der Gewöhnung meist verschwinden. Drittens ist positiv: Nintendo ist für Spiele bekannt, die bunt und lustig sind, und nicht für Kriegs- oder Ballerspiele. Seine Angebote haben vom Bundesverband des Spielwaren-Einzelhandels mehrfach die Auszeichnung »pädagogisch wertvoll« erhalten.

Neben viel Licht gibt es auch Schatten. So kam Nintendo beim Elektronik-Ratgeber von Greenpeace 2010 auf den letzten Platz. Auf Kritik stieß vor allem, dass das Unternehmen sich zu wenig darum kümmert, was aus dem elektronischen Schrott wird, zu dem seine Konsolen irgendwann werden. Das Unternehmen selbst bemüht sich, sich als »grün« darzustellen, es listet zum Beispiel die Materialien auf, die verwendet werden, und betont, sie seien gut »trennbar«. Im Greenpeace-Ratgeber 2011 taucht Nintendo nicht mehr auf. Ein anderer Angriffspunkt: Auch Nintendo lässt beim chinesischen Riesen Foxconn produzieren, der wegen seiner schlechten Arbeitsbedingungen in die Schlagzeilen geraten ist, allerdings Besserung versprochen hat und sicher nicht unter dem chinesischen Standard liegt. Die Japaner berichten, auch mit Zahlenangaben, über ihre Zusammenarbeit mit Zulieferern, praktische Probleme werden dabei aber kaum angesprochen. Insgesamt wirkt die Berichterstattung über ethische Themen noch unvollständig. Deswegen und wegen der harten Kritik von Greenpeace fällt es zunächst schwer, eine gute Bewertung abzugeben. Aber der grundsätzlich positive Eindruck, den das Geschäftsmodell macht, sollte trotzdem drei Sterne rechtfertigen.

Nokia

Die guten Finnen

Bewertung: **
Umsatz: 38,7 Milliarden Euro (47,1 Mrd. Franken)
Verlust: 1,5 Milliarden Euro (1,8 Mrd. Franken)
Beschäftigte: 130 050
Sitz: Espoo
Rating: Oekom Research B und Prime Status, SAM Silber,
Wegreen-Ampel gelb

An dieser Stelle muss man an eines erinnern, was sonst in diesem
Buch kaum eine Rolle spielt: Eine wichtige Funktion von Unternehmen ist auch, für ihre Aktionäre einen ordentlichen Gewinn
zu erwirtschaften. Denn viele Leute kaufen Aktien, um damit
fürs Alter vorzusorgen. Oder sie hoffen auf Renten aus Pensions-
kassen, Fonds oder Lebensversicherungen – und diese Unternehmen stecken das Geld ebenfalls zum Teil in Aktiengesellschaften. Es geht bei Gewinnen also nicht nur um Spekulation,
sondern auch um Sicherheit und Wohlstand im Alter.

Wer zur falschen Zeit mit Nokia-Aktien vorsorgen wollte,
hat allerdings mit Zitronen gehandelt. Vor der Jahrtausend-
wende notierten sie noch über 50 Euro (umgerechnet, der Euro
wurde erst später eingeführt). Seither sind sie beinahe ins
Nichts abgestürzt. Im Mai 2012 verklagte ein amerikanischer
Aktionär das Management des Unternehmens sogar wegen Er-
folglosigkeit.

Man kann aus grundsätzlicher Perspektive fragen: Ist der geschäftliche Misserfolg von Nokia wirklich eine Frage der Ethik?
Denn er wurde ja keineswegs absichtlich herbeigeführt. Es gibt

tatsächlich Ethiker, allen voran Immanuel Kant, die allein die gute oder böse Absicht bewerten. Auch im alltäglichen Leben vergibt man ja einen Fehler eher, der trotz bester Absichten passiert ist, als einen, der billigend in Kauf genommen oder absichtlich begangen wurde. Trotzdem wäre es aber ein sehr enges Verständnis von Ethik, wenn man die Frage des guten Gelingens völlig ausklammern würde.

Aber wie kann es überhaupt zu einem derartigen Misserfolg wie bei Nokia kommen? Handys sind ein ausgesprochenes Mode-Erzeugnis. Nur wer zur richtigen Zeit die richtigen Produkte bringt, kann sie so teuer verkaufen, dass ein guter Gewinn und damit ein hoher Aktienkurs herausspringt. Wer aus dem Tritt kommt, produziert und verkauft zwar vielleicht noch sehr viel, kann aber keine guten Preise mehr durchsetzen. Die Folge: Die Gewinne schmelzen, und die Aktienkurse schwinden dahin.

Aber verlassen wir jetzt dieses für Nokia so unerfreuliche Thema und konzentrieren uns auf die Bereiche Umwelt und Soziales. Dort können die Finnen einiges vorweisen, was die Bewertung mit vier Sternen rechtfertigt.

Einmal sind die Handys der Finnen in Schwellenländern weitverbreitet, und es ist kein Geheimnis, dass Mobilfunk gerade in entlegenen Gegenden zu den besten Voraussetzungen für eine bessere Entwicklung gehört. Der Konzern unterstützt dies durch spezielle Programme, etwa durch Bezahldienste, Bildungsprogramme, zum Beispiel für den Mathematikunterricht oder auch für den Informationsaustausch im medizinischen Bereich. So wurde in Brasilien mit Nokia-Technik eine Datei zur Erfassung von Dengue-Fieber eingerichtet. Eine wichtige Rolle spielen auch Marktinformationen, die per Handy abgerufen werden können, weil sie Kleinbauern eine bessere Verhandlungsposition gegenüber Zwischenhändlern geben. Der Konzern hat sich zum

Ziel gesetzt, in armen Regionen rund einer Milliarde Menschen den Zugang zum Internet zu ermöglichen.

Auffällig ist zudem, dass Nokia sehr genau berichtet, woraus und wie die Handys produziert werden, jedes Modell hat ein »Eco-Profil«, in dem zahlreiche Fragen vom Materialeinsatz über die Energieeffizienz bis zur Wiederverwertbarkeit erfasst sind. 2011 kommt das Nokia 700 neu heraus, das einen besonders hohen Anteil an umweltfreundlichem Material enthält. Es soll zu 100 Prozent recycelbar sein und enthält besondere Energiesparfunktionen. Der Konzern bietet weltweit die Möglichkeit an, alte Handys fachgerecht entsorgen zu lassen – räumt aber ein, dass davon zu wenige Kunden Gebrauch machen.

Es gibt außerdem eine Überwachung der Rohstoff-Zulieferungen, um zu verhindern, dass sie aus politischen Konfliktgebieten stammen oder aus Regionen, in denen keine menschenwürdigen Arbeitsbedingungen gegeben sind. Dies ist für einen Handyhersteller wichtig, weil zum Beispiel Coltan für Handys unverzichtbar ist und unter anderem im Kongo abgebaut wird – einem seit Jahrzehnten von internen Kämpfen zerrissenen Land.

Greenpeace gibt Nokia im November 2011 in einem Öko-Rating von Elektronikkonzernen den dritten Platz hinter HP und Dell. Vor allem, weil die Energiebilanz nicht ganz überzeugte, war der Konzern vom ersten Platz abgerutscht.

Ein weiterer Pluspunkt ist aber, dass Nokia auch spezielle Geräte für Leute mit Hör- oder Sehproblemen entwickelt hat, und zwar schon seit den 90er-Jahren: auch ein Beispiel dafür, dass geschäftliche und soziale Ziele durchaus in Einklang zu bringen sind. Denn gerade bei der zunehmenden Elekronisierung der Welt ist es wichtig, dass keine Gruppe davon ausgeschlossen bleibt.

Wichtig auch: Die Finnen haben traditionell relativ viel in eigenen Fabriken produziert. Das gab ihnen eine größere Kontrolle über die Arbeitsbedingungen, als dies bei Zulieferern der Fall ist. 2012 vollzieht der Konzern unter dem Druck der wirtschaftlichen Probleme allerdings einen Schwenk und lagert die Produktion weitgehend aus nach Fernost. Für die Lieferanten gibt es aber ein ausgefeiltes Kontrollsystem.

Das alles hat den Konzern nicht davor geschützt, auch Ziel von Kritik an Arbeitsverhältnissen zu werden, zum Beispiel bei einem Werk, das zeitweise in Rumänien betrieben wurde. In diesem Fall hat Nokia den Vorwurf, Höchstarbeitszeiten nicht einzuhalten, aber zurückgewiesen. In Deutschland ist noch die Schließung des Werks in Bochum im Jahr 2008 in Erinnerung. Damals wurde dem Konzern vorgeworfen, trotz guter Gewinne Menschen in die Arbeitslosigkeit zu entlassen. Allerdings war Nokia damals der einzige Handykonzern, der überhaupt noch in Deutschland produzierte, außerdem war der Druck auf die Gewinnmargen im Massengeschäft bereits abzusehen.

Nokia verwendet offenbar viel Energie für Umweltfragen und andere ethische Probleme, die ja im öffentlichen Bewusstsein eine große Rolle spielen. Beim tatsächlichen Kauf geben sie aber häufig doch nicht den Ausschlag, sondern eher die Frage, ob das Handy das richtige Design und die gerade angesagten Funktionen hat. Die relativ hohe Bewertung mit vier Sternen wird dieses Problem nicht lösen – aber soll dazu dienen, es wenigstens deutlich zu machen.

Novartis

Hauptsache gesund

Bewertung: ***
Umsatz: 58,6 Milliarden Dollar (45,3 Mrd. Euro, 55,1 Mrd. Franken)
Gewinn: 9,2 Milliarden Dollar (7,1 Mrd. Euro, 8,5 Mrd. Franken)
Beschäftigte: 123 686
Sitz: Basel
Rating: Oekom Research B- und Prime Status, SAM Gold,
Wegreen-Ampel gelb

Novartis steht hier als Beispiel für einen reinen Pharmakonzern: Wer mit der Gesundheit von Menschen Gewinn erzielt, setzt sich sehr schnell grundsätzlicher Kritik aus. Das ändert nichts daran, dass auch Pharmakonzerne Geld verdienen müssen, um zu überleben.

Das Risiko, sich harter Kritik auszusetzen, ist sehr groß: Wenn Medikamente nicht wirken oder unerwünschte Nebenwirkungen haben, geht es manchmal gleich um Leben oder Tod. Die Entwicklung neuer Medizin ist extrem langwierig und teuer – ein einziges Medikament, das sich als Flop herausstellt, kann selbst große Unternehmen finanziell ins Straucheln bringen. Selbst wenn Medizin richtig wirkt, wird schnell Kritik laut, sie sei zu teuer. Das gilt vor allem, wenn es um Patienten in Schwellenländern geht. Das Problem, dass Pharmakonzerne ihre Entwicklungskosten über den Preis wieder hereinholen müssen, die Produkte dadurch aber teuer werden, ist nicht grundsätzlich zu lösen. Man kann nur von Fall zu Fall versuchen, Sponsoren zu finden, die Medizin für die Verwendung in armen Ländern aufkaufen oder einzelne Kontingente zu niedrigeren Preisen abgeben. In beiden Fällen besteht natürlich die Gefahr, dass die Pillen in reiche Länder zurückgeschmuggelt werden.

Ein spezielles Problem sind bei Pharmakonzernen die Tests. Wird an Tieren getestet, so ruft das die Kritik von Tierschützern hervor. Werden menschliche Probanden Medikamenten ausgesetzt, die nicht ausreichend vorgetestet werden, ist das ethische Problem aber noch größer. Besonders heikel sind auch Tests in Schwellenländern, weil dann rasch der Vorwurf kommt, die Armut dieser Leute oder eventuell laxere Vorschriften in den Ländern auszunutzen.

Bei aller Kritik wird manchmal ein Punkt übersehen: Es gibt kaum etwas, was die Lebensqualität derart verbessert hat wie die moderne Medizin. Manche Menschen merken das erst, wenn sie das erste Mal schwer krank sind. Aber wer diesen Nutzen im Auge behält, wird die Kritik, die Pharmakonzerne auf sich ziehen, doch etwas realistischer sehen. Vor allem aus diesem Grund bekommt Novartis eine Bewertung mit drei Sternen.

Aber schauen wir das Unternehmen genauer an. Die teuerste Affäre dürfte ein Verfahren in den USA gewesen sein, das Novartis im Jahr 2010 mit der Zahlung von 422 Millionen Dollar beendete. Dabei warf das US-Justizministerium der amerikanischen Tochtergesellschaft von Novartis vor, Beschäftigte im Gesundheitswesen bestochen zu haben, um den Absatz von insgesamt sechs Medikamenten zu fördern.

Sehr viel Kritik von Organisationen wie »Erklärung von Bern«, Oxfam und Act Up bringt Novartis ein verbissener Kampf ein, das Medikament Glivec gegen Leukämie in Indien patentieren zu lassen. Die Schweizer gehen deswegen nach mehreren verlorenen Prozessen 2012 sogar vor den obersten Gerichtshof. Die Kritiker werfen dem Konzern vor allem vor, eine Regel im indischen Recht außer Kraft setzen zu wollen, nach der geringfügige Verbesserungen an Medikamenten nicht patentiert werden können. Es geht hier um viel Geld – für beide Seiten. Denn in Indien sitzen große Pharmafirmen, die billige Kopien von Medikamenten herstellen und damit die Schwellenländer versorgen. Die forschenden Pharmafirmen dagegen wollen ihre Produkte schützen.

In Deutschland gibt es 2009 Vorwürfe, die Ängste vor einer Schweinegrippe seien übertrieben und die Pharmakonzerne – Novartis ist einer der beiden großen Lieferanten – hätten damit zu viel Geld gemacht. Im Jahr 2010 bekommen zwölf Frauen in den USA, die beim Konzern beschäftigt sind, insgesamt 3,3 Millionen Dollar an Schadenersatz zugesprochen, weil sie sich bei Beförderungen übergangen, im Vergleich zu Männern zu schlecht bezahlt und zum Teil auch bei Schwangerschaften benachteiligt fühlen. Novartis zeigt sich enttäuscht von diesem Urteil. 2011 eröffnet die EU ein Kartellverfahren gegen Novartis und Johnson & Johnson, betont aber, die Schuld sei noch nicht erwiesen.

2008 wird eine Abmahnung der Zentrale gegen unlauteren Wettbewerb gegen Novartis bekannt. Das Unternehmen hatte Ärzten 1000 Euro geboten, wenn sie Fragebogen zu einem bestimmten Krankheitsbild ausfüllen, die Zentrale sah darin aber eher eine verdeckte Marketingaktion. Im selben Jahr wird ein Ordnungsgeld fällig, weil bei einer Veranstaltung für Ärzte zu viel Freizeitwert geboten wurde. 2012 zieht der Konzern in Deutschland Kritik von Datenschützern auf sich, weil er Ärzten Kontakte zu einer Abrechnungsfirma vermitteln will.

Es gibt aber auch eine Reihe positiver Punkte. So liegt Novartis im Index der Access to Medicine Foundation vom Jahr 2010 auf Platz drei hinter GlaxoSmithKline und Merck & Co. Diese Organisation sitzt in den Niederlanden, sie wird unter anderem von der Gates-Stiftung und von Oxfam unterstützt. Sie versucht zu messen, wie sehr die Pharmakonzerne ihre Mittel den wirklich Bedürftigen zugänglich machen. Novartis hat nach eigenen Angaben in erheblichem Umfang Medikamente gegen Malaria und Lepra sowie Tuberkulose in Afrika gratis zur Verfügung gestellt. Die Novartis-Stiftung unterstützt ebenfalls Programme, die zu einer besseren medizinischen Versorgung in Schwellenländern beitragen sollen, zum Beispiel ein Projekt zur Telemedizin, mit dem Ärzte quasi über weite Entfernungen hinweg präsent sein können.

Interessant ist auch, dass Novartis schon vor Jahren zusammen mit der Organisation Business for Social Responsibility eine »Living Wage« hat erarbeiten lassen, also einen von Land zu Land variierenden Mindestlohn, der sicherstellen soll, dass die Beschäftigten davon auch leben können.

Recht ausführlich ist der Ethik-Kodex des Konzerns. Er enthält ein Bekenntnis zu Tierversuchen, wo sie notwendig sind, aber mit der Auflage, sie möglichst wenig schmerzhaft durchzuführen. Die Grundsätze für Organspenden lauten: Sie müssen freiwillig sein, dürfen nicht bezahlt werden, und der Arzt des Empfängers darf nicht den Tod des Spenders feststellen.

Bei allen Schattenseiten ergibt sich insgesamt ein positives Bild, wenn man die extrem wichtige Rolle der medizinischen Forschung mit einbezieht. Daher die Bewertung mit drei Sternen.

Otto

Tue Gutes und sprich darüber

Bewertung: ***
Bekannte weitere Marken: Frankonia, Heine, Hermes, Manufactum, SportScheck
Umsatz: 11,6 Milliarden Euro (14,0 Mrd. Franken)
Gewinn: 23 Millionen Euro (28 Mill. Franken)
Beschäftigte: 53 103
Sitz: Hamburg
Rating: Wegreen-Ampel gelb

Kein Zweifel: Der Versandhändler Otto in Hamburg versteht etwas von Kommunikation. Der Spruch »Otto … find' ich gut« gehört zu den bekanntesten Werbeslogans in deutscher Sprache – und er funktioniert gerade deswegen, weil er so simpel ist. Außerdem passt er natürlich auch zu einem Unternehmen, das sich auch ethisch als »gut« präsentieren möchte.

Dass es sich um eine Firma im Familienbesitz handelt, rundet das beschauliche Bild ab. Der Gründer, Werner Otto, ist 2011 im stolzen Alter von 102 Jahren gestorben, sein Sohn Michael hat schon seit Langem die Führung übernommen: Diese Tradition gibt dem Konzern ein Gesicht.

Otto hat schon früh das Thema Nachhaltigkeit entdeckt und systematisch ins Firmenmanagement integriert. Es gibt daher auch kaum einen Artikel über derartige Themen, in denen Michael Otto nicht als Vorzeige-Unternehmer genannt wird. So schreibt das »Handelsblatt« im April 2012: »Es gilt, CSR strategisch anzupacken. Wie das funktioniert, zeigt die Otto Group. Der Versandhändler hat die Zahl nachhaltig hergestellter Produkte zuletzt um die Hälfte auf knapp 4500 erhöht und geht Partnerschaften mit Markenherstellern und Händlern ein, die nachhaltige Sortimente anbieten.« Michael Otto und sein Unternehmen sind deswegen auch schon mit unzähligen Preisen bedacht worden.

Aber man darf nicht übersehen: Auch der Versandhändler aus Hamburg wurde schon mit ganz ähnlichen Vorwürfen konfrontiert wie andere Textilunternehmen – in der Regel geht es dabei um die schlechten Arbeitsbedingungen in Zulieferbetrieben, die fernab in Schwellenländern liegen. Außerdem: Auch andere Konzerne bemühen sich, derartige Missstände abzustellen. Ähnlich bei Umweltthemen: Der Einsatz von nachhaltig erzeugter Baumwolle oder gar Biobaumwolle ist bei allen Textilkonzernen ein Thema. Letztlich unterscheidet sich das Sortiment, das Otto bietet, nicht grundsätzlich von dem vieler Konkurrenten. Daher reicht es trotz des guten Rufs nur für drei Sterne in der Bewertung.

Verdienstvoll ist sicher, dass Otto Themen wie Nachhaltigkeit, Verantwortung und Ökologie schon sehr früh, sehr beharrlich und sehr glaubwürdig in der Öffentlichkeit weit nach vorne gebracht hat. Kritik erfährt Otto aber zum Beispiel von dem Institut Südwind in einer Studie aus dem Jahr 2005. Danach werden in Zulieferbetrieben der Hamburger in Indonesien und China ähnlich miserable Zustände angetroffen wie in denen anderer Konkurrenten. Otto bekommt in der Studie die Gelegenheit zur Stellungnahme und gibt an, mit einem der kritisierten Zulieferer die Zusammenarbeit eingestellt zu haben. Im Februar 2007 berichtet der »Stern« aber über den Zulieferer einer Tochter des Otto-Konzerns in Indien, der Kinder in einem Kellerloch arbeiten lässt. Otto versucht zunächst, die Zusammenarbeit mit dem Zulieferer zu verbessern und aus ihm eine Art Vorzeige-

Unternehmen zu machen. Als dann weitere Keller mit ähnlichen Arbeitsbedingungen entdeckt werden, beendet er die Zusammenarbeit.

Wie ernst der Versandhändler das Thema nimmt, wie geschickt er aber auch in der Kommunikation ist, zeigt sich darin, dass er gezielt Auszubildende in »gute« Zulieferbetriebe in Asien schickt, die darüber begeistert im firmeneigenen Blog erzählen. Man mag das als PR abtun. Auf der anderen Seite: Wer als Azubi so mit dem Thema konfrontiert wird, hat sicher auch einen Anreiz, sich zu melden, wenn ihm später ganz andere Berichte zu Ohren kommen. Zur offenen Kommunikationsstrategie der Hamburger passt auch, dass Otto bei einer ZDF-Reportage im Jahr 2010 mit dem wenig schmeichelhaften Titel »Nähen bis zum Umfallen« seine eigenen CSR-Leute mit dem Fernsehteam zusammenarbeiten lässt.

Ein anderer Skandal, der ebenfalls recht peinlich ist, spielt sich sozusagen vor der eigenen Haustür ab. Zum Otto-Konzern gehört die Logistik-Tochter Hermes, die einen großen Teil der Ware ausliefert. Im Jahr 2011 wird harte Kritik laut an der extrem hohen Belastung und sehr niedrigen Bezahlung der Fahrer, die für Hermes unterwegs sind. In der Regel sind diese Fahrer nicht bei Hermes angestellt, sondern bei Subunternehmern, sodass den Konzern die Vorwürfe nicht direkt treffen. Auf der anderen Seite lädt das Modell, mit Subunternehmen zu arbeiten, geradezu dazu ein, schlechte Arbeitsbedingungen zu tolerieren. Der Konzern reagiert auf die Vorwürfe allerdings prompt und gibt 2011 einen Verhaltenskodex für die Subunternehmer von Hermes heraus. Im Jahr 2012 räumt er ein, dass die Zustände immer noch nicht in Ordnung sind, und verspricht, die Bezahlung nach Stückzahlen abzuschaffen und auf Stundenlohn umzustellen. Das Thema zeigt jedenfalls deutlich: Bei Otto ist auch nicht alles »gut«.

Nach so viel Kritik am Vorzeige-Unternehmen darf man aber nicht übersehen, dass der Händler die sozialen Themen und die Umweltproblematik sehr genau im Blick hat und darüber auch Aufschluss gibt. So führt er seit 2003 eine eigene Marke für biologische Baumwolle. Ein anderes Label bescheinigt Teppichen aus Nepal und Indien, dass sie ohne Kinderarbeit hergestellt wurden – zugleich gehen 1,5 Prozent des Wertes der importierten Ware (also nicht des Kaufpreises) an Projekte für ehemalige Kinderarbeiter. Um das »grüne« Image zu stärken, bündelt Otto derartige Angebote auf der eigenen Plattform »Ecorepublic«. Dort findet man neben Waren aus Biobaumwolle auch energiesparende Waschmaschinen und Möbel aus zertifiziertem Holz.

Otto unterstützt die Asian Floor Wage Campaign, die in Asien existenzsichernde Mindestlöhne für Textilarbeiter durchsetzen will. Das ist aber nur eine von mehreren Initiativen: Eine andere, die Otto mitgegründet hat, heißt Business Social Compliance Initiative (BSCI); sie soll ebenfalls Mindeststandards in der Bezahlung sichern und arbeitet mit eigenen Kontrolleuren, um die Einhaltung sicherzustellen. Die generellen Vorgaben für Zulieferer unterscheiden sich aber nicht von denen anderer Konzerne – 48 Stunden pro Woche normale Arbeitszeit, einschließlich Überstunden dürften es 60 sein, ein freier Tag pro Woche im Minimum und keine Beschäftigung für Jugendliche unter 15 Jahren.

Philip Morris International

Die verfemte Branche

Bewertung: *
Weitere bekannte Marken: Benson & Hedges, Chesterfield, L&M, Marlboro
Umsatz: 76,3 Milliarden Dollar (59,0 Mrd. Euro, 71,8 Mrd. Franken)
Gewinn: 8,9 Milliarden Dollar (6,9 Mrd. Euro, 8,4 Mrd. Franken)
Beschäftigte: ca. 78 100
Sitz: New York
Rating: Oekom Research C-, Wegreen-Ampel rot

Wer erinnert sich noch an die Zeit, als es cool war zu rauchen? Nicht nur für Jugendliche, die mal was ausprobieren wollten, sondern für gestandene Männer? An Typen wie Humphrey Bogart, der in seinen Filmen mit abgeklärtem Blick blauen Dunst verbreitete und später an Krebs starb?

Heute sieht man die Raucher frierend vor dem Eingang ihres Unternehmens stehen, weil sie sich drinnen keine mehr anstecken dürfen. Oder sie treffen sich in eigens mit Abluftsystemen ausgerüsteten Glaskabinen, die ungefähr so cool sind wie ein Käfig im Zoo. Alles das gilt freilich vor allem für die reichen Länder. In Schwellenregionen nimmt der Konsum von Zigaretten dagegen noch zu. Die neuen Mittelschichten finden alles schick, was aus der vermeintlich besseren Welt kommt – deswegen kommen dort auch die klassischen Zigarettenmarken gut an. Dadurch ergibt sich ein gespaltenes Bild: In einigen Teilen der Welt sind Tabakkonzerne verfemt – verkaufen allerdings trotzdem noch eine Menge. In anderen Teilen ist Tabak noch ein ausgesprochenes Wachstumsgeschäft.

Wie geht die Branche mit ihrem schlechten Ruf um – mit dem Vorwurf, für den Tod von Millionen von Menschen verantwortlich zu sein? Nach Angabe von Philip Morris haben in den vergangenen 50 Jahren in den USA rund 7500 Raucher gegen Tabakkonzerne geklagt, waren aber nur in 30 Fällen erfolgreich. Im Jahr 2006 befindet ein amerikanisches Gericht, die Tabakkonzerne hätten die Öffentlichkeit über die Gefahren des Rauchens getäuscht, erkennt aber die Schadenersatzforderungen der Kläger von insgesamt 280 Milliarden Dollar nicht an. Dieses Urteil wird 2010 noch einmal bestätigt. Im Jahr 2010 zahlt eine Tochtergesellschaft von Altria in einem spektakulären Fall fünf Millionen Dollar an die Familie eines Mannes, bei dem der starke Konsum von Kautabak zu Mundkrebs und damit zum Tod geführt hat. Ein Sprecher des Konzerns betont damals, diese Einigung sei ein Sonderfall.

Trotzdem ist die Angst vor juristischen und politischen Problemen gerade in den USA sehr groß. Im Jahr 2008 wird daher Philip Morris International als eigenes Unternehmen vom Altria-Konzern abgespalten. Altria-Chef Louis C. Camilleri wechselt und übernimmt die Leitung des neuen Unternehmens. Hintergrund ist die Absicht, das internationale Tabakgeschäft vor möglichen Einschränkungen durch die US-Justiz abzuschirmen. Seitdem läuft das US-Geschäft weiter bei Altria, der Rest der Welt aber bei der ausgegründeten Gesellschaft Philip Morris International, die rein rechtlich zu 100 Prozent selbstständig ist.

Nach einem Bericht der FAZ von Anfang 2005 haben Wissenschaftler herausgefunden, dass Philip Morris jahrzehntelang Erkenntnisse über die Gefahren des Rauchens verschwiegen hat. Auf der anderen Seite beteiligt sich Altria 2011 bewusst nicht an einer Klage von R. J. Reynolds, Lorillard, Commonwealth Brands, Liggett Group und Santa Fe Natural Tobacco Company, die in den USA neue, besonders auffällige Warnhinweise auf den Packungen verhindern wollen. 2012 flammt Streit um eine konzerneigene Studie auf, nach der Zusatzstoffe in Zigaretten nur wenige Risiken bergen. Wie »Pro Rauchfrei« berichtet, werfen Forscher der Universität von Kalifornien in San Francisco dem Konzern vor, die Ergebnisse manipuliert zu haben, in Wirklichkeit seien diese Stoffe sehr gefährlich. Der Konzern weist diese Vorwürfe zurück.

Die Organisation Unfairtobacco weist auf Kinderarbeit beim Tabakanbau in Malawi hin. Sie räumt ein, dass der Konzern den Tabak indirekt über andere Firmen bezieht, hält ihm aber vor, seinen Einfluss nicht zu nutzen, um Kinderarbeit zu unterbinden. Das Unternehmen schreibt dazu: »Man kann unmöglich herausfinden, wie viele Kinder genau im Tabakanbau arbeiten. Leider müssen wir davon ausgehen, dass in einigen der großen Tabakanbauländern Kinderarbeit vorkommt. Wir bieten finanzielle Unterstützung für verschiedene Initiativen und arbeiten eng mit Regierungen, nichtstaatlichen Organisationen und anderen Anspruchsgruppen auf der ganzen Welt zusammen, um Kinderarbeit im Tabakanbau abzuschaffen.« Vielleicht macht der Konzern es sich hier zu leicht. Immerhin gibt es Programme wie »Zurück zur Schule« in Malaysia, die Kinderarbeitern helfen sollen, von Kritikern aber eher als Feigenblatt angesehen werden. Im Juli 2010 bedankt sich der Konzern bei Human Rights Watch sogar für einen Bericht über Kinderarbeit im Tabakanbau in Kasachstan und verspricht, umgehend die Kontrollen zu verschärfen.

Kann man einem Konzern in einer derart problematischen Branche überhaupt noch einen Stern zubilligen? Zwei Gründe sprechen dafür. Einmal steckt auch ein bisschen Heuchelei darin, gezielt nur das Rauchen zu verteufeln. Schließlich wissen zumindest in Ländern mit einem hohen Anteil lesefähiger Bürger und

Bürgerinnen die meisten Raucher und Raucherinnen ziemlich genau, was sie tun. Außerdem verursacht Alkohol auch eine Menge Probleme – betrunkene Autofahrer sind jedenfalls gefährlicher als rauchende. Die Menschen tun zudem eine Menge gefährlicher Dinge – zu schnell Auto fahren, Ski fahren oder einfach zu viel essen und sich zu wenig bewegen. Daher spricht inzwischen einiges dafür, die Anti-Raucher-Bewegung selbst einmal infrage zu stellen: Wer gibt ihnen das Recht, andere Menschen so stark einzuschränken, wie das inzwischen passiert?

Der andere Punkt ist: Philip Morris geht inzwischen recht offen mit den Problemen um und bezieht klar Position. Das Unternehmen weist auf seiner Website auf die Gefahren hin – mit Link zur Weltgesundheitsorganisation. Als Kernaussage kann Folgendes gelten: »Wir befürworten zwar eine umfassende, effektive Regulierung von Tabakprodukten, jedoch unterstützen wir keine Bestimmungen, die erwachsene Raucher davon abhalten, Tabakprodukte zu kaufen und zu konsumieren, oder solche, die den legalen Handel mit Tabakprodukten in unnötiger Weise erschweren.« Danach folgt ein Bekenntnis zu Auflagen für die Werbung, Einschränkungen in öffentlichen Gebäuden, einem gesetzlichen Mindestalter und so weiter. Letztlich hat sich das Unternehmen damit den Regeln angepasst, die es ohnehin nicht mehr ändern kann.

Procter & Gamble

Die Schlacht im Supermarkt

Bewertung ***
Bekannte Marken: Always, Ariel, Blend-a-med, Braun, Dash,
Duracell, Gillette, Head & Shoulders, Lenor, Max Factor, Meister
Proper, Olaz, Old Spice, Oral B, Pampers, Pantene, Wella
Umsatz: 83,7 Milliarden Dollar (66,5 Mrd. Euro, 80,0 Mrd. Franken)
Gewinn: 10,8 Milliarden Dollar (8,6 Mrd. Euro, 10,3 Mrd. Franken)
Beschäftigte: ca. 126 000
Sitz: Cincinnati
Rating: Oekom Research C+ und Prime Status,
Wegreen-Ampel gelb

Anfang März 2009 starb Klementine im Alter von 87 Jahren in
Berlin. Klementine hieß eigentlich Johanna Schön und war
Schauspielerin. Aber als Klementine trat sie von 1968 bis 1983
in der Ariel-Werbung auf, mit dem Spruch: »Ariel wäscht nicht
nur sauber, sondern rein.« Niemand hat je erfahren, was der Unterschied zwischen sauber und rein ist. Aber die Werbung funk-
tionierte: Das Waschmittel und seine Werbung waren in
Deutschland nie so bekannt wie zu Klementines Zeiten. Später
heuerte der US-Konzern Procter & Gamble noch viel Prominen-
tere als Schauspieler an. So warb etwa David Beckham drei Jahre
lang für Gillette. Im Jahr 2007 kam aber kein neuer Vertrag zustande, offenbar konnte man sich nicht über den Preis einigen.

P&G hat ein erstaunliches Markenportfolio. Dazu gehört
zum Beispiel auch Braun, eine der traditionsreichsten deutschen
Marken, die bis heute wegen ihres vorbildlichen Designs ge-
rühmt wird. In der Vergangenheit stellte sie nahezu alles her, was

elektrisch oder elektronisch lief, bis hin zu Kameras, Uhren und Plattenspielern. Nach der Übernahme durch Gillette (ihrerseits von P&G übernommen) entwickelte sich das Unternehmen zu einem Anbieter von Haushaltswaren: Rasierer, die schon immer ein Kerngeschäft waren, aber auch Küchenmaschinen gehören dazu.

Braun ist aber eher ein Randbereich. Denn P&G setzt vor allem auf Produkte, die der Kunde immer wieder kaufen muss. Die Nassrasierer von Gillette werden daher viel stärker beworben als etwa die Braun-Produkte. Denn Nassrasierer sind aus Sicht des Anbieters ein geniales Produkt: Der Anschaffungspreis ist gering, dafür muss man immer wieder Klingen nachkaufen.

P&G ist der Riese im Supermarkt und in Drogerien. Marken wie Ariel, Pampers oder Wella müssen sich jeden Tag im Regal gegen die Konkurrenz behaupten. Und diese Konkurrenten sind nicht nur andere Marken, sondern vor allem auch die markenlosen Artikel – oder Eigenmarken der Handelsketten. Nirgendwo findet eine derart intensive Schlacht um den Kunden statt wie im Supermarkt. Ohne intensive Werbung geht es nicht.

Außerdem ist es extrem gefährlich, wenn Marken ins Gerede kommen. So gibt es zum Beispiel nach der Einführung einer neuen Pampers-Sorte 2010 Beschwerden wegen verstärkter Hautreizungen bei Babys – was P&G allerdings vehement abstreitet.

Wer im Supermarkt unterwegs ist, muss alle Tricks kennen. So werfen Verbraucherschützer im November 2011 P&G, Henkel und zwei kleineren Anbietern vor, gezielt die Mengen in Waschmittel-Paketen herabgesetzt zu haben, ohne die Preise zu senken, um so die Kunden zu täuschen. P&G verweist darauf, die Preise seien Sache der Supermärkte – in dem Fall nicht sehr überzeugend. Zuvor mussten P&G und Unilever wegen Preisabsprachen zusammen satte 315 Millionen Euro Strafe zahlen – Henkel hatte die Sache angezeigt und ging deswegen straffrei aus.

P&G ist ein Musterbeispiel für eine schwierige Frage: Wie sind Marken aus ethischer Sicht einzuschätzen? Handelt es sich dabei um echte Werte, oder wird dem Kunden etwas vorgegaukelt? Natürlich gibt es im Einzelfall bedeutende Unterschiede. Aber man kann ja das Markenprinzip auch grundsätzlich infrage stellen. Denn es ist klar, dass der Aufbau und die Pflege von Marken eine Menge Geld verschlingen, unter anderem für die Werbung, die letztlich der Kunde bezahlt, ohne einen direkten Nutzen zu haben. In den 70er- und 80er-Jahren wurde diese Debatte intensiver als heute geführt, wo wir uns längst an eine Welt voller Marken gewöhnt haben.

Es ist sicherlich richtig, gegenüber Werbung und Marken eine gesunde Skepsis zu bewahren. Aber gerade P&G verkauft recht alltägliche Produkte. Mag sein, dass kein Mensch eine elektrische Zahnbürste braucht, wenn er nur fleißig genug eine normale benutzt. Aber echte Scheinwelten wie etwa in der Zigarettenwerbung werden hier nicht aufgebaut. Mag auch sein, dass man keine Pampers braucht, weil es ja Stoffwindeln gibt. Wer allerdings je gewickelt hat, wird Pampers jedenfalls nicht von vornherein als überflüssiges Produkt ansehen: Diese Windeln erleichtern das Leben enorm, wenn sie auch eine Unmenge an Müll hinterlassen.

Außerdem muss man sich klarmachen: Marken sind nicht nur Schall und Rauch. Denn die Anbieter müssen ja darauf achten, dass nicht zu viele Proteste wegen schlechter Qualität kommen – oder auch wegen ökologischer oder sozialer Probleme. Anders gesagt: Ohne Marken hätten auch kritische Organisationen keinen Hebel, die Öffentlichkeit wachzurütteln und auf Probleme hinzuweisen.

Dafür, dass P&G so ein Riese ist, finden sich nicht allzu viele Vorwürfe gegen den Konzern. Heftige Angriffe kamen von Tierschützern wegen Tierversuchen, und zwar im Zusammenhang mit den Tierfutter-Marken Iams und Eukanuba. P&G versucht daher in seinen Berichten mit großem Aufwand darzulegen, dass mehr als 200 Millionen Dollar für Forschungen zum Ersatz von Tierversuchen ausgegeben wurden, und wirbt für Verständnis, dass sie in manchen Fällen doch noch vorgeschrieben sind. Der Konzern betont auch, dass bei allem, was mit Waschen, Kosmetik und Pflege zu tun hat, keine Tierversuche eingesetzt werden.

Der Konzern setzt sich, was etwa Energieverbrauch und Recycling angeht, sehr hohe Ziele, diese allerdings zum Teil sehr langfristig, was nicht durchgängig überzeugend wirkt. Es gibt aber auch sehr genaue Zahlen darüber, was bisher erreicht wurde. So ist die Pampers in 20 Jahren rund 45 Prozent leichter geworden, was den Müll entsprechend reduziert.

Der Konzern setzt grundsätzlich auf ein Lebenszyklus-Prinzip. Anders gesagt: Die größten Umweltprobleme entstehen erst im Haushalt. Daher sollen die Waschmittel so ausgelegt werden, dass damit sogar kaltes Wasser für eine saubere Wäsche reicht.

Insgesamt hat P&G ein eher flaches ethisches Profil: nicht allzu viele wirkliche Minuspunkte, aber auch keine herausragenden Pluspunkte. Daher ist eine Bewertung mit drei Sternen angemessen.

Richemont

Kann denn Luxus Sünde sein?

Bewertung: ***
Konzernmarken: Alfred Dunhill, Azzedine Alaia, Baumer & Mercier, Cartier, Chloé, IWC, Jaeger-LeCoultre, Lancel, Lange & Söhne, Montblanc, Net-a-porter.com, Officine Panerai, Piaget, Roger Dubuis, Shanghai Tang, Vacheron Constantin, Van Cleef & Arpels
Umsatz: 8,9 Milliarden Euro (10,7 Mrd. Franken)
Gewinn: 1,5 Milliarden Euro (1,8 Mrd. Franken)
Beschäftigte: 25 800
Sitz: Genf
Rating: Oekom Research C-, Wegreen-Ampel grün

Im Jahr 1755 wurde in Genf Vacheron Constantin gegründet: eine Firma, die bis auf den heutigen Tag Uhren fertigt. Dies ist die älteste Marke im Reich des Schweizer Konzerns Richemont, der im Lauf der Jahre eine ganze Reihe sehr edler Namen versammelt hat. Die französische Schmuckfirma Cartier ist besonders bekannt. Aus Deutschland gehört Montblanc zum Reich der Schweizer – bekannt für teure Füller. Die Marke Shanghai Tang unterstreicht die Bedeutung des Fernen Ostens für die Luxushersteller, und mit Net-a-porter gehört noch ein Onlineportal für Luxusgüter dazu.

Bei so viel Glanz stellt sich die Frage: Ist Luxus eigentlich unmoralisch? Das lateinische Mittelalter nannte »Luxuria«, was jede Art von Unmäßigkeit meinte, genauso als Sünde wie »Avaritia«, den Geiz, und »Invidia«, den Neid. Sündig wäre damit also nicht nur ein Luxusleben, sondern auch eine übertriebene Bescheidenheit – und der Neid auf den Luxus der anderen. Es gibt aber gerade in protestantisch geprägten Regionen und zunehmend auch in modernen, egalitären Gesellschaften den Hang, zumindest übertriebenen Luxus abzulehnen oder sogar als verwerflich anzusehen. Die Logik dahinter lautet: Solange es vielen Menschen schlecht geht, darf sich niemand im Recht fühlen, wenn es ihm zu gut geht.

Das ist aber nur die eine Seite der Medaille, und sie betrifft ja weniger die Unternehmen als deren Kunden. Fragen wir doch einmal andersherum: Wie ist das Geschäftsmodell, Luxus zu produzieren, aus ethischer Sicht zu bewerten? Und da fällt die Bilanz gar nicht so schlecht aus. Denn in der Luxusbranche wird eine hohe Wertschöpfung mit einer verhältnismäßig geringen Umweltbelastung geschaffen. Nehmen wir Uhren: Eine teure Uhr belastet die Umwelt nicht mehr als eine billige, bringt aber zehn- oder im Extremfall hundertmal so viel Geld ein – und kann entsprechend auch mehr gute Arbeitsplätze und Wirtschaftswachstum generieren. Oder ein anderer Vergleich: Wer sich eine Sammlung extrem teurer Uhren zulegt, belastet damit die Umwelt viel weniger, als wenn er für dasselbe Geld große Autos fahren oder weite Reisen machen würde. Aus dieser Perspektive dürfte das Verhältnis von Nutzen und Kosten auch aus gesellschaftlicher Sicht gar nicht zu überbieten sein.

Das gilt auch mit Blick auf die Arbeitsplätze. Viele billige Produkte können fast nur noch in Schwellenländern hergestellt werden – was immer zu Kritik an den dortigen, aus unserer Sicht oft mehr als prekären Arbeitsverhältnissen führt. Luxus kann man dagegen auch in Hochlohnländern wie der Schweiz, Frankreich oder Deutschland produzieren, wo auch tatsächlich die meisten Beschäftigten von Richemont arbeiten.

Der nächste Punkt ist die Nachhaltigkeit. Soweit es sich um Kosmetik oder – was bei Richemont keine Rolle spielt – teure

Getränke handelt, ist das rein von der Produktseite her kein besonderes Thema. Aber teure Kleidung wird tendenziell länger benutzt als billige. Und was hat eine längere Lebensdauer als eine teure Uhr oder edler Schmuck? Solche Waren werden ja im Prinzip für die Ewigkeit hergestellt: Nachhaltigkeit pur. Alles in allem gilt also: Luxus als solcher ist kein ethisches Problem, vor allem mit Blick auf die Unternehmen.

Es gibt freilich für einen großen Schmuckhersteller trotzdem Problemzonen. Denn die Rohstoffe, vor allem Diamanten, können aus unsauberen Quellen stammen. Das Stichwort lautet Blutdiamanten: Das sind Steine, die aus Gebieten in Afrika stammen, die von Bürgerkriegen überzogen sind. Dort kann die Ausfuhr von Steinen zum Kauf von Waffen und zur Finanzierung der Kriegsparteien dienen. Es gibt freilich auch positive Gegenbeispiele: Eines der wichtigsten Förderländer für Diamanten ist Botswana. Und dieses Land gilt, jedenfalls für afrikanische Verhältnisse, als recht gut regiert, wozu die Einkünfte aus dem Edelsteingeschäft sicher beitragen.

Cartier ist einer der größten Edelsteinkäufer weltweit. Deswegen ist das Unternehmen auch Gründungsmitglied des Responsible Jewellery Council, der rund 350 Mitglieder hat, die alle irgendetwas mit Gold, Diamanten oder Platin zu tun haben. Nach den Statuten des Council geht es vor allem darum, die Umweltbelastung möglichst gering zu halten, aber auch um die Einhaltung von Kartellregeln. Es gibt dazu ein Zertifizierungssystem, das aber noch recht jung ist. Richemont bekennt sich zusätzlich zu der World Diamond Council Resolution on Industry Self-Regulation – vor allem dazu, keine Diamanten aus Konfliktzonen zu beziehen. Diese Verpflichtung will der Konzern, heißt es etwas vage, so bald wie möglich auch allen Lieferanten auferlegen. In ähnlicher Weise will er seine Lieferanten zu einer

Goldförderung verpflichten, die die Arbeitsrechte und den Umweltschutz respektiert. Gleichzeitig bekennt sich Richemont zum Kimberley Process Certification Scheme, einer Zertifizierung für Rohdiamanten, die letztlich von den Vereinten Nationen angestoßen wird – hier geht es um das Problem der Blutdiamanten. Dieser Prozess ist allerdings in seiner Wirksamkeit umstritten. Die Bank Sarasin, die sich auf Nachhaltigkeitsthemen spezialisiert hat, lobt jedoch Cartier dafür, aus einer Goldmine in Honduras gefährliche Chemikalien wie Zyanid und Quecksilber verbannt und damit die Sozial- wie auch die Umweltstandards verbessert zu haben. Insgesamt bekommt Richemont aber bei Sarasin nur ein durchschnittliches Rating.

Auffällig ist, dass Richemont die Verantwortung auch für die ethische Seite des Geschäfts sehr weitgehend den einzelnen Markenunternehmen überlässt. Es gibt nur sehr oberflächliche Angaben darüber, wie die Einhaltung von Verpflichtungen der Zulieferer kontrolliert wird. Vor diesem Hintergrund sind Verpflichtungen der Zulieferer, auf die Herkunft von Rohstoffen zu achten, nur schwer nachzuvollziehen. Vor allem aus diesem Grund bekommt das Unternehmen nur drei Sterne als Bewertung, obwohl das Geschäftsmodell aus ethischer Sicht durchaus positiv zu sehen ist.

Samsung Electronics

Apple auf den Fersen

Bewertung: ***
Umsatz: 165,9 Milliarden Euro (201,9 Mrd. Franken)
Gewinn: 16,0 Milliarden Euro (19,5 Mrd. Franken)
Beschäftigte: ca. 344 000
Sitz: Seoul
Rating: Oekom Research C+ und Prime Status, Sam Sector Leader
und Sector Mover, Wegreen-Ampel gelb

Früher redeten alle von Japan, heute sprechen alle von China.
Aber das erstaunlichste Beispiel für den Aufstieg eines armen
Landes in die Riege der Industriestaaten bietet Korea – genauer
gesagt Südkorea. Vor Jahrzehnten von der wirtschaftlichen Entwicklung her noch mit vielen afrikanischen Staaten vergleichbar,
kann man Korea heute kaum noch als Schwellenland bezeichnen. Entsprechend strotzen viele koreanische Geschäftsleute vor
Selbstbewusstsein. Gerade mit Blick auf den großen Konkurrenten Japan sehen sie sich selbst heute als jünger, dynamischer
und erfolgreicher, weniger von Wohlstand gesättigt und von der
Überalterung der Gesellschaft gebremst.

Und sie greifen die Japaner auf den Weltmärkten gerade in
den Branchen an, wo diese traditionell stark sind, zum Beispiel
in der Unterhaltungselektronik und bei den Autos. Marken wie
Hyundai und Kia sind heute selbst für die verwöhnten Deutschen mit ihrer eigenen großen Autoindustrie keine Exoten
mehr. Sie entwickeln sich weltweit zu harten Konkurrenten für
Toyota und Co. Und noch stärker gilt das für den Bereich der
Elektronik: Während früher eine Marke wie Sony die Welt faszi-

nierte, schiebt sich heute Samsung in den Vordergrund. Die Koreaner fühlen sich inzwischen so stark, dass sie selbst vor Apple keine Angst haben. Wenn ein Konzern das Zeug hat, Apple die Stirn zu bieten, dann ist es wohl Samsung. Wie hart die Konkurrenz ist, belegt unter anderem ein irrwitziger Patentstreit zwischen beiden Konzernen. Dabei verklagte Apple Samsung, weil die Koreaner nach Ansicht der Amerikaner das Design ihres iPads kopiert hatten. Die wiederum halten dagegen und verweisen auf den Filmklassiker »2001: Odyssee im Weltraum« aus dem Jahr 1968. Dort war bereits ein flacher Computer ohne Tastatur zu sehen. Das iPad hat daher gar kein neues Design, finden die Koreaner. Die gegenseitigen Patentstreitereien mit dem Konkurrenten Apple sind insgesamt allerdings zu kompliziert, um sie hier im Detail darzustellen.

Verglichen mit Apple, hat Samsung ein sehr viel breiteres Produktangebot, das von Speicherchips über Smartphones und Computer bis zu Kameras und Fernsehern reicht. Bosch suchte für eine Weile die engere Zusammenarbeit mit dem Konzern in der Batterietechnik, um sich für das Zeitalter des Elektroautos zu rüsten. Ja: Samsung hat jahrelang sogar den Konkurrenten Apple mit elektronischen Bauteilen beliefert. Zur gesamten Samsung-Gruppe gehören neben dem Elektronikbereich auch noch Werften, eine Lebensversicherung und Chemiefabriken.

Kaum ein Konzern und kaum eine Marke aus einem (ehemaligen) Schwellenland hat einen vergleichbaren weltweiten Einfluss. Nach innen, in Korea selbst, scheint das Unternehmen beinahe übermächtig zu sein, wie »Die Zeit« in einer Reportage vom Februar 2012 eindrucksvoll beschreibt. Denn der Konzern ist das Musterbeispiel eines »Chaebols«, einer jener von mächtigen Familien gesteuerten Firmengruppen, die Koreas Wirtschaft groß gemacht haben, aber auf der anderen Seite wie Staaten im

Staat funktionieren. Lee Khun Hee, seit 1987 Präsident des Elektronikkonzerns, ist so mächtig, dass er in den 90er-Jahren nach einer Verurteilung wegen Bestechung rasch wieder begnadigt wurde.

Damit stellt sich die Frage: Was ist die Schattenseite dieses Erfolgs? Das ist im Falle dieses Konzerns, der oft als eine »Festung« beschrieben wird, nicht leicht zu sagen. Man hat den Eindruck, dass der Konzern sich bemüht, auf allen Ebenen internationalen Standards zu genügen. Und die öffentlich bekannt gewordenen Vorwürfe halten sich im Rahmen. Die mittlere Bewertung mit drei Sternen trägt auch der etwas schwer einzuschätzenden Situation Rechnung.

Immerhin: »Gewerkschaften und Nichtregierungsorganisationen kritisieren Samsung schon länger als autoritär und rücksichtslos«, schreibt »Die Zeit«. Harte Kritik kommt Anfang 2012 von Greenpeace und der Organisation »Erklärung von Bern«. Sie werfen Samsung vor, hochgiftige Substanzen zu verwenden, ohne die Mitarbeiter zu informieren oder zu schützen. Deswegen seien mindestens 140 Arbeiter an Krebs erkrankt und mindestens 50 gestorben. Gegenüber dem Internetdienst »heise online« bestreitet Samsung die Vorwürfe: Mehrere wissenschaftliche Studien hätten den Verdacht widerlegt, dass die Erkrankungen auf Einflüsse am Arbeitsplatz zurückzuführen seien.

Samsung berichtet selbst recht ausführlich über alle Aspekte der Nachhaltigkeit. Die Koreaner verweisen auf die Entwicklung neuer energiesparender Produkte. Sie beschreiben die Kontrolle ihrer Zulieferer. Wie »Die Zeit« berichtet, produziert der Konzern seine Waren zu mehr als 90 Prozent selbst, um sich nicht zu sehr von Zulieferern abhängig zu machen. Damit hat er aber zugleich auch mehr Kontrolle als zum Beispiel Apple über die Arbeitsbedingungen.

Es gibt noch einige weitere Vorwürfe gegen das Unternehmen, die aber meist das geschäftliche Gebaren betreffen. So werden Ende 2011 Samsung und sechs weitere Hersteller von Flachbildschirmen in den USA zu Strafen und Wiedergutmachung von insgesamt mehr als einer halben Milliarde Dollar verpflichtet – der Grund sind Preisabsprachen in den Jahren 1999 bis 2006.

Streit hat Samsung mit der deutschen mittelständischen Softwarefirma CCP. Sie hat die Koreaner in den USA verklagt, weil diese angeblich ein von CCP patentiertes Betriebssystem für Drucker millionenfach verwendet und vor allem den Kunden kostenlos zum Download angeboten haben. Die Koreaner halten die Ansprüche für nicht begründet.

Im Jahr 2005 gibt es in Berlin Proteste gegen den Abbau von mehr als 750 Arbeitsplätzen. Damals schalten sich Politiker und Gewerkschafter ein. Sie warfen Samsung auch vor, Millionen an Fördermitteln kassiert zu haben, um dann kurz nach dem Auslaufen des vereinbarten Investitionszeitraums das Werk zu schließen. Das Unternehmen hält dagegen und argumentiert, es habe bis zuletzt noch auf eine Wende am Markt gehofft.

Die Koreaner sind geschäftlich jetzt schon einer der ganz großen Spieler auf den Weltmärkten. Ihr ethisches Profil muss in den nächsten Jahren noch deutlicher werden.

Siemens

Der geläuterte Konzern

Bewertung: **
Umsatz: 73,5 Milliarden Euro (89,7 Mrd. Franken)
Gewinn: 6,3 Milliarden Euro (7,7 Mrd. Franken)
Beschäftigte: ca. 360 000
Sitz: München
Rating: Oekom Research B- und Prime Status, SAM Sector Leader,
Sustainalytics Dax-Ranking Platz 21, Wegreen-Ampel gelb

Siemens stellt heute kaum noch Konsumgüter her, gehört so gesehen eigentlich gar nicht in dieses Buch. Dass die Firma trotzdem hier behandelt wird, hat zwei Gründe. Erstens handelt es sich um einen der größten deutschen Industriekonzerne. Und zweitens: Die jüngste Geschichte der Münchener ist gerade aus ethischer Sicht sehr interessant. Denn der Konzern hat gleich zweifach eine Kehrtwende vollzogen.

Die erste Wende betrifft das Thema Atomkraft. Lange Zeit gehörte Siemens zu den wenigen Anbietern weltweit auf diesem Gebiet, zuletzt über ein Gemeinschaftsunternehmen mit dem französischen Stromkonzern EDF. Aber dann hat sich Siemens aus dieser Technologie zurückgezogen. Das heißt nicht, dass der Konzern gar nichts mehr mit Atomkraftwerken zu tun hätte, der Rückzug bezieht sich nur auf den Kern der Kerntechnik. Daneben gibt es ja in jedem Atomkraftwerk noch eine Menge an konventioneller Technik – und damit ist Siemens weiterhin vertreten, wie übrigens viele andere deutsche Unternehmen.

Man kann über die Entscheidung von Siemens durchaus geteilter Meinung sein. Denn der rasche Rückzug aus der Atomkraft, den Deutschland nach dem Reaktorunglück 2011 im japanischen Fukushima eingeleitet hat, ist auch mit ökologischen Problemen verbunden. Das Thema ist aber zu komplex, um es hier abzuhandeln. Entscheidend ist: Siemens hat hier eine klare Entscheidung getroffen.

Noch wichtiger ist ein anderer Punkt. Der Münchener Konzern hat offenbar über Jahre oder sogar Jahrzehnte Aufträge auch mithilfe von hohen Schmiergeld-Zahlungen an Land gezogen. Danach hat er aber konsequent aufgeräumt und ein strenges und sehr aufwendiges System zur Verhinderung von Korruption eingeführt. Die Bewertung mit vier Sternen enthält in diesem Punkt Vorschusslorbeeren: Das beste System zur Verhinderung von Bestechung kann auch umgangen werden, zum Beispiel, indem die Gelder verschleiert über zwischengeschaltete Unternehmen fließen oder in angeblichen Dienstleistungen versteckt werden. Man wird also sehen müssen, ob Siemens die Kehrtwende tatsächlich durchgreifend geschafft hat. Bisher gilt die neue Linie des Konzerns aber als erfolgreich – und als Beleg dafür, dass man auch ohne Korruption gute Geschäfte machen kann.

Ein weiterer Punkt, der zur guten Bewertung von Siemens beiträgt, sind die Geschäftsfelder, in denen der Konzern tätig ist. Dazu gehört etwa die Medizintechnik. Siemens ist aber als Lieferant von Energietechnik auch unentbehrlich für den Aufbau regenerativer Energien – und diese Projekte sind unabhängig von der politischen Position zur Kernkraft in jedem Fall zu begrüßen. Das gesamte »Umweltportfolio« des Konzerns machte 2011 rund 40 Prozent des Umsatzes aus. Dabei entwirft der Konzern sogar Konzepte, um ganze Städte umweltfreundlicher zu machen.

Das Thema Korruption ist ethisch schwierig einzuordnen. Es gibt Länder, in denen sie weitgehend üblich ist. Manchmal direkt, häufig auch indirekt, indem zum Beispiel gut dotierte Beratungsaufträge vergeben werden, bei denen nicht die Beratung, sondern die Anbahnung des Geschäfts das wirkliche Ziel ist. Auch Deutschland ist keineswegs »sauber«, der Wirtschaftskriminalist Uwe Dolata nennt in einem Interview mit dem »Kölner Stadt-Anzeiger« von Ende Juli 2011 die Autozulieferindustrie und den Gesundheitssektor als Branchen, wo »viel geschmiert« wird. Und der Ökonom Friedrich Schneider aus Linz schätzt Anfang 2012 den jährlichen Schaden aus Korruption allein in Deutschland auf rund 250 Milliarden Euro, in Österreich auf rund 26 Milliarden; für die Schweiz gibt er keine Summe an, verweist aber darauf, dass es dort laut Transparency International auf vergleichbarer Basis gerechnet knapp 20 Prozent weniger Korruption gebe als in Deutschland.

Ist es aber ethisch verwerflich, sich in solchen Ländern, wo Korruption praktisch zum Alltag gehört, an die Gepflogenheiten anzupassen? Lange Zeit waren die moralischen Maßstäbe in dem Punkt sehr niedrig, »nützliche Aufwendungen« konnten Betriebe früher sogar von der Steuer absetzen. Aber vor allem unter dem Einfluss der Amerikaner hat sich die Einschätzung geändert. Heute gilt Korruption als besonders schädlich. Denn in einer Gesellschaft, in der Bestechung üblich ist, wird ineffizient gearbeitet, der Staat funktioniert nicht richtig, Demokratie wird, so sie existiert, beschädigt.

Sehr treffend beschreibt die »Süddeutsche Zeitung« im Dezember 2011 das Schicksal von sieben Siemens-Topmanagern, denen in den USA die Verhaftung und ein Gerichtsverfahren drohen: »So haben sich die einstigen Spitzenleute ihr weiteres Leben bestimmt nicht vorgestellt. Und kein Verantwortlicher in der deutschen Wirtschaft dürfte früher damit gerechnet haben, dass die lange Zeit übliche und als Kavaliersdelikt betrachtete

Korruption im Ausland eines Tages in Strafverfahren in den USA münden könnte.«

Schon im November 2006 fliegt der ganz große Schmiergeld-Skandal auf: Damals lässt die Staatsanwaltschaft die Konzernzentrale durchsuchen. Insgesamt weit mehr als eine Milliarde Euro sollen über die Jahre in schwarze Kassen geflossen sein, wie das »Handelsblatt« fünf Jahre später schreibt. Der Skandal kostet den Konzern mehr als zwei Milliarden Euro: Anwalts- und Beratungsgebühren machen den größten Teil aus, dazu kommen Geldstrafen. Die Compliance-Abteilung, die unsaubere Geschäfte verhindern soll, wird auf 600 Stellen ausgebaut. Der frühere Bundesfinanzminister Theo Waigel überwacht den ganzen Prozess im Auftrag der US-Behörden drei Jahre lang: Die Amerikaner hatten noch nie eine Scheu, ihre Rechtsvorstellungen auch in anderen Ländern durchzusetzen; den Hebel dazu bildet das US-Geschäft der Konzerne, auf das diese natürlich nicht verzichten wollen.

Siemens muss aber einräumen, dass auch nach 2006 und parallel zum Aufbau der gewaltigen Compliance-Organisation noch weitere Schmiergelder geflossen sind. Der Topjurist Klaus Moosmayer von Siemens spricht dabei, wie das »Handelsblatt« berichtet, von dem sogenannten Kontroll-Paradox: Je besser man kontrolliert, desto mehr findet man auch. Das heißt auch: Wer nie etwas findet, hat wahrscheinlich gar nicht gesucht.

Starbucks

Der Kaffee bekommt Beine

Bewertung: ***
Umsatz: 11,7 Milliarden Dollar (8,8 Mrd. Euro, 10,6 Mrd. Franken)
Gewinn: 1,2 Milliarden Dollar (0,9 Mrd. Euro, 1,1 Mrd. Franken)
Beschäftigte: ca. 149 000
Sitz: Seattle
Rating: Oekom Research C, Wegreen-Ampel grün

Starbucks hat eine Kulturrevolution ausgelöst. Zunächst hat das Unternehmen einem Land ohne große Kaffeekultur – den USA – den Genuss von Kaffee in unterschiedlichsten Versionen beigebracht. Und dann kam Starbucks, weil es amerikanisch war, auch in anderen Erdteilen wie Europa gut an, die eigentlich schon vorher eine Kaffeekultur hatten.

Gerade in überfüllten Großstädten wie New York steht Starbucks noch für ein anderes Phänomen. Dort wurde eine neue Kaste von Menschen heimisch, die in zu engen Räumen wohnt oder in überfüllten Büros arbeitet. Mit dem Laptop wurde diese Kaste mobil. Starbucks lockte mit günstiger WLAN-Verbindung und ließ diese Leute auch, vor allem verglichen mit anderen amerikanischen Gastronomiebetrieben, einigermaßen in Ruhe herumsitzen. So wurde die Kaffeehaus-Kette auch zum Symbol einer Kultur, die sich von festen Arbeitsplätzen und -zeiten löst.

Mobil: Das steht noch für eine andere Veränderung. Mit Starbucks kam der Kaffee »to go« groß in Mode, und seitdem gibt es alles Mögliche »to go«. Die Kulturrevolution, die sich daran knüpft, ist freilich eher negativer Art: Man trinkt aus

Pappe und Kunststoff statt aus richtigen Tassen. Dieses »to go«
rückt Starbucks eben auch in die Nähe von Fast Food.

Die Revolution durch Starbucks bringt also eine Menge
Müll mit sich, den andere entsorgen müssen, denn der To-Go-
Becher wird ja unterwegs weggeworfen. Immerhin ist geplant,
bis zum Jahr 2015 rund fünf Prozent der Getränke über eigene
Becher der Kunden anzubieten, außerdem soll dann zumindest
in den eigenen (also nicht per Franchise betriebenen) Läden eine
vernünftige Entsorgung angeboten werden. Das ursprüngliche
Ziel, bis 2015 rund 25 Prozent der Getränke in wiederverwend-
baren Bechern auszuschenken, wurde aber inzwischen kassiert –
ein schwaches Bild.

Schaut man sich ansonsten die ethische Bilanz des Unternehmens an, so fallen die Bemühungen um den Bezug von »fai-
rem« Kaffee positiv auf, negativ dagegen die deutliche Kritik der
Gewerkschaften an den Arbeitsverhältnissen. Nimmt man alles
zusammen, so dürfte eine mittlere Bewertung mit drei Sternen
angemessen sein.

Starbucks bezeichnet sich als einen der größten Bezieher
von Fairtrade-Kaffee weltweit. So wird beispielsweise Espresso
in Europa ausschließlich unter diesem Siegel angeboten. Allerdings ist das Verhältnis von Starbucks und Fairtrade nicht frei
von Spannungen. Denn der US-Konzern setzt vor allem auf die
technische Unterstützung der Bauern und auf Mikrokredite.
Zentraler Bestandteil des Fairtrade-Konzepts in seiner ursprüng-
lichen Form ist dagegen ein Aufschlag auf den gängigen Marktpreis. Und die Amerikaner kaufen nicht nur Fairtrade-Ware,
sondern setzen vor allem auf das C.A.F.E.-Konzept. Dieses
wurde zusammen mit Scientific Certification Systems entwickelt und soll sicherstellen, dass genau definierte ökologische
und soziale Regeln für den Kaffeeanbau eingehalten werden.

Dazu gehört auch ein Nachweis darüber, wie viel vom Kaufpreis beim Bauern ankommt. Positiv ist anzumerken, dass mit C.A.F.E. eine externe Organisation eingeschaltet wird. Allerdings ist das ganze Verfahren, anders als Fairtrade, nicht aus dem Blickwinkel von Kritikern der Branche entwickelt worden, sondern von ihr selbst. Ziel von Starbucks ist jedenfalls, seinen Kaffee insgesamt zu 100 Prozent von unabhängigen Stellen zertifizieren zu lassen.

Von einer interessanten Kontroverse berichtet der »Guardian« Anfang April 2010: Das Institute of Economic Affairs (IEA) wirft Faitrade vor, sich mehr an den Vorstellungen der westlichen Konsumenten als an den Bedürfnissen der Kaffeebauern zu orientieren. Und es kommt zum Schluss, große Konzerne wie Starbucks, Kraft und Nestlé leisteten einen weitaus besseren Beitrag zur Bekämpfung der Armut als Fairtrade – dabei wird Starbucks besonders hervorgehoben.

Hinter dieser Auseinandersetzung steckt ein ideologischer Kampf: Das IEA gilt als Befürworter freier Märkte, während Fairtrade gegenüber Märkten einen zumindest kritischen Ansatz verfolgt. Als negativ bei Fairtrade sieht das IEA zum Beispiel an, dass diese Organisation Gentechnik und Kinderarbeit (!) generell ablehnt. Die Angst vor Gentechnik hat in der Tat, ob sie nun aus gesundheitlichen Gründen oder wegen einer möglichen Veränderung der Flora berechtigt ist oder nicht, mit den drängenden Armutsproblemen in Schwellenländern zunächst wenig zu tun. Kritiker weisen allerdings darauf hin, dass derart veränderte Pflanzen die Bauern häufig in Abhängigkeit von großen Saatgutanbietern bringen. Der zweite Punkt – Kinderarbeit – ist besonders heikel. Schließlich gibt es kaum etwas, was mehr spontane Empörung hervorruft. Richtig ist aber auch: Kinderarbeit allein zu verbieten, ist meist zu kurz gegriffen, es braucht zusätzlich

Programme, die den Familien genügend Einkommen und den Kindern die Chance zum Schulbesuch verschaffen.

Harte Kritik trifft Starbucks immer wieder aus dem Lager der Gewerkschaften. Auch in deutschen Medien wird mehrfach über schlechte Arbeitsbedingungen berichtet, unter anderem über Versuche, kranke Mitarbeiter unter Druck zu setzen, doch noch zum Dienst zu erscheinen. In den USA wird ein Fall aus dem Jahr 2009 bekannt, in dem eine kleinwüchsige Frau drei Tage nach ihrer Einstellung wieder gefeuert wird, weil sie um einen Hocker bittet, um hinter der Theke bedienen zu können. Dort gibt es auch immer wieder Vorwürfe, Mitarbeiter seien gekündigt worden, weil sie Gewerkschaftsmitglieder waren. Der Konzern selbst verteidigt sich und beansprucht, Mitarbeiter »mit Respekt und Würde« zu behandeln. Er bestätigt aber, dass laut Arbeitsvertrag in Deutschland die Beschäftigten nur mit seiner Zustimmung Zweitjobs annehmen dürfen.

Die »Süddeutsche Zeitung« schreibt dazu im Dezember 2010: »Konzernchef Howard Schultz macht keinen Hehl daraus, dass er nichts von Gewerkschaften hält. Seine Mitarbeiter sollten ›von Herzen daran glauben, dass ihnen das Management vertraut und ihnen mit Respekt begegnet‹, fordert er. ›Wenn sie an mich und meine Motive glauben würden, brauchten sie auch keine Gewerkschaften.‹« Diese Einstellung ist mit einer modernen Unternehmensethik nicht zu vereinbaren.

Swatch

Die ewigen Retter

Bewertung: **

Weitere bekannte Konzernmarken: Balmain, Breguet, Blancpain, Certina, CK Watch & Jewelry, Flik Flak, Glashütte Original, Hamilton, Jaquet Droz, Léon Hatot, Longines, Mido, Omega, Rado, Tissot, Tourbillon, Union Glashütte

Umsatz: 6,8 Milliarden Franken (5,6 Mrd. Euro)

Gewinn: 1,3 Milliarden Franken (1,1 Mrd. Euro)

Beschäftigte: 28 028

Sitz: Biel

Rating: Wegreen-Ampel gelb

Nicolas G. Hayek hat ohne Zweifel in den 80er-Jahren die Schweizer Uhrenindustrie gerettet. Sein Konzept war genial: Aus Swiss und Watch bildete er die eingängige internationale Marke Swatch. Und ein Produkt, das jahrhundertelang als Wertgegenstand galt und danach zur Billigware verkommen war, machte er zum Modeartikel und wertete es so wieder auf. Im Grunde hat Hayek die Uhr neu erfunden. Sie wurde so, wie sie vorher nie gewesen war: bunt und lustig. Vergleicht man Uhren mit Schmuck, dann ist die Swatch der Modeschmuck – aber nicht das billige Imitat edler Ware, sondern der selbstbewusste, gut designte Plastikschmuck, der nichts vortäuschen will. So schafften es die Schweizer, mit den Preisen wieder auf ein Niveau zu kommen, das für die heimische Uhrenindustrie auskömmlich war.

Wahrscheinlich gibt es nur wenige Marketingerfolge, die derart durchschlagend waren und gleich eine ganze Branche gerettet haben. Dabei spielte neben dem äußeren Design auch die

Technik eine Rolle. Die Swatch war bei ihrem Start nicht nur extrem dünn, sondern sie bestand auch nur aus 51 Teilen, während zuvor 91 Teile das Minimum waren. So kann die Uhr besser von Automaten hergestellt werden. Hayek hat später versucht, in ähnlicher Weise das Auto neu zu erfinden. Daraus wurde der Smart, der zum Mercedes-Konzern gehört.

Unter der Marke Swatch werden längst auch Fabrikate aus Metall verkauft. Weniger bekannt ist in einer breiten Öffentlichkeit, dass viele weitere Marken zum Konzern gehören, die in einem ganz anderen Preissegment angesiedelt sind: zum Beispiel Omega, Breguet, Blancpain, Glashütte Original und so weiter. Darüber hinaus gibt es auch noch Tochtergesellschaften, die elektronische Bauteile anbieten, und die Gesellschaft Swiss Timing, die auf Zeitmessung bei Sportereignissen spezialisiert ist.

Zumindest außerhalb der Schweiz dürften viele Kunden nicht wissen, dass Werke aus dem Swatch-Konzern auch in den meisten Schweizer Uhren stecken, die gar nicht zum Konzern gehören. Denn abgesehen von großen Herstellern wie Rolex können sich die meisten anderen gar keine eigenen Fabriken leisten, weil ihnen dazu die notwendigen Stückzahlen fehlen. So gesehen »rettet« Swatch die Schweizer Uhrenindustrie immer noch jeden Tag. Denn für die ist es überlebenswichtig, dass sie in ausreichender Zahl Uhrwerke bekommt, die tatsächlich in der Schweiz hergestellt sind – das will der Kunde so haben.

Geschäftlich ist also der Erfolg unbestritten. Und die Rettung der Schweizer Uhrenindustrie mit ihren laut Schweizer Fernsehen knapp 50 000 Arbeitsplätzen kann man ohne Vorbehalt als gute Tat bezeichnen: Manchmal laufen geschäftlicher Erfolg und Ethik parallel.

Tatsächlich steckt Swatch geschäftlich wie auch ethisch aber in einem Konflikt: Der Konzern verdient zwar ganz gut daran, andere Unternehmen mit Uhrwerken zu beliefern, zugleich stärkt er damit aber die eigene Konkurrenz. Nick Hayek, der Sohn des Gründers, hat daher nie ein Hehl daraus gemacht, dass er diese Lieferungen am liebsten einstellen würde – was für viele kleinere Konkurrenten das Aus bedeuten würde. Swatch schaltet daher 2011 selbst die Schweizerische Wettbewerbskommission ein, um den Fall zu klären. Diese verpflichtet den Konzern, seine Lieferungen zum allergrößten Teil zunächst einmal aufrechtzuerhalten. Aber nach einem Bericht der FAZ aus dem Februar 2012 hat der Konzern inzwischen doch grundsätzlich grünes Licht, sich aus der Belieferung der anderen Uhrenhersteller zurückzuziehen.

Wie sieht es mit dem Bereich Nachhaltigkeit bei Swatch aus? Das Unternehmen selbst gibt an, seiner Belegschaft in der Schweiz eine »ausgezeichnete« Altersvorsorge zu bieten. Das Bestreben sei, bei Tochtergesellschaften außerhalb der Schweiz ein vergleichbares Niveau zu schaffen. Außerdem hält sich Swatch die Gründung der Firma Belenos Clean Power zugute, die 2007 zusammen mit der Deutschen Bank und dem Swiss Federal Institute of Technology, der Ammann-Gruppe und George Clooney ins Leben gerufen wurde. Diese Gesellschaft soll die Entwicklung erneuerbarer Energien vorantreiben. Swatch berichtet recht genau über den Verbrauch von Material und Energie und die anfallenden Abfallmengen der Produktion. Insgesamt sind die Nachhaltigkeitsberichte aber reichlich kurz geraten.

In die Kritik geraten die Schweizer nach den Commonwealth-Spielen in Indien im Herbst 2010. Danach gab es einen handfesten Korruptionsskandal, der einige indische Funktionäre sogar ins Gefängnis brachte. Die Swatch-Tochter Swiss Timing war dort für die Zeitmessung und die großen Anzeigetafeln zuständig. Angeblich verlief die Auftragsvergabe nicht ordnungsgemäß, außerdem wurde den Schweizern vorgeworfen, überhöhte Preise genommen zu haben. Folgt man der Darstellung der FAZ im Mai 2011, dann war das wirkliche Problem allerdings die chaotische Planung der Spiele, die für zahlreiche Missverständnisse sorgte und so auch die Kosten in die Höhe trieb.

Das Geschäftsmodell von Swatch beinhaltet kaum ethische Probleme. Es sei denn, man kreidet den Schweizern an, dass die bunte Plastikuhr in größeren Zahlen gekauft und wohl auch schneller wieder ausrangiert wird als andere. Auch der Absatz an Knopfbatterien dürfte sich so erhöhen, die zwar gut entsorgt werden können – aber oft genug im Hausmüll landen. Die Luxusuhren stellen dagegen, wie schon bei Richemont angemerkt, eher ein positives Beispiel dar: Sie beinhalten eine hohe Wertschöpfung bei geringem Ressourcenverbrauch. Letztlich verkauft die ganze Schweizer Uhrenindustrie ihren Kunden vor allem eine jahrhundertealte Tradition, einen Mythos: Und Mythen sind umweltfreundlich und schaffen hochwertige Arbeitsplätze. Negativ fällt zwar auf, dass Swatch zu wenig im Bereich Nachhaltigkeit berichtet. Wegen des grundsoliden Geschäftsmodells und der historischen Rolle für die Schweizer Wirtschaft reicht es trotzdem knapp für vier Sterne.

Toyota

Der Zeit voraus

Bewertung: ***
Weitere Konzernmarken: Daihatsu, Lexus
Umsatz: 18,6 Billionen Yen (169,6 Mrd. Euro, 204,2 Mrd. Franken)
Gewinn: 284 Milliarden Yen (2,6 Mrd. Euro, 3,1 Mrd. Franken)
Beschäftigte: 325 905
Sitz: Toyota
Rating: Oekom Research C, Wegreen-Ampel gelb

Schaut man sich die Top Ten der Umweltliste 2011/12 des VCD an, so werden die ersten vier Plätze vom Toyota-Konzern belegt, in der Reihenfolge: Lexus CT 200h, Toyota Prius Hybrid, Toyota iQ 1.0 VVT-i, Toyota Auris Hybrid. Auf den nächsten beiden Plätzen folgen dann zwei Honda-Hybridmodelle – also auch japanische Autos. Bei der Untergruppe »Die Besten der Kompaktklasse« stehen auch zwei Modelle aus dem Hause Toyota an der Spitze, und die »Familienautos« werden wiederum vom Prius angeführt.

Die VCD-Liste hat deshalb eine hohe Glaubwürdigkeit, weil diese Organisation (Verkehrs-Club Deutschland) keine Autofahrer-Lobby ist, sondern sich um alle Verkehrsmittel kümmert. Es handelt sich auch nicht um eine autofeindliche Organisation, sondern sie will nach eigenem Bekunden auf einen »intelligenten« Umgang mit diesem Verkehrsmittel hinarbeiten. Konzeptionell unterstützt wird die Organisation vom Öko-Institut in Freiburg. Gemessen werden vor allem Energieverbrauch und Schadstoffausstoß, aber auch der Geräuschpegel, außerdem spielt das Umweltmanagement in der Produktion eine Rolle.

Auch der Eco-Test des ADAC von Mitte 2012 bestätigt die führende Rolle von Toyota.

Die sehr gute Position verdankt Toyota – wozu auch die Luxusmarke Lexus gehört – der Hybridtechnik, also der Kombination von Benzin- und Elektromotor. Es gibt zwar auch extrem sparsame Dieselmotoren, deren Verbrauchswerte fast die der Benziner-Hybrids erreichen, aber die haben einen höheren Ausstoß von Schadstoffen. Die Brennstoffzellentechnik, bei der Gas – gedacht ist vor allem an Wasserstoff – direkt in Strom umgewandelt wird, ist bisher kaum über das Teststadium hinausgekommen, obwohl schon lange davon geredet wird. Und bei reinen Elektroautos fragt sich, ob sie sich tatsächlich am Markt durchsetzen. Außerdem ist ihre Umweltbilanz davon abhängig, womit der Strom aus der Steckdose hergestellt wird. Eine recht gute Bilanz haben auch Erdgasautos. Aber bei denen ergeben sich zwei Probleme: Erstens kann nicht überall Gas getankt werden. Und zweitens ist Erdgas ein sehr wertvoller Rohstoff. Daher fragt sich, ob man ihn unbedingt in Autos einsetzen sollte, wo er zudem wegen der schweren Tanks unpraktisch ist.

So bleibt die Hybridtechnik der Star. Und Toyota das Verdienst, diese Technik tatsächlich auch beim Kunden durchgesetzt zu haben. Zwar verkauften die Japaner, wie jeder andere Autokonzern, alle möglichen Fahrzeuge mit unterschiedlichen Qualitäten im Umweltbereich. Aber sie haben es wenigstens geschafft, für die umweltfreundliche Hybridtechnik eine ansehnliche Käuferschicht zu gewinnen: Nachdem die Technik schon 1997 erstmals eingesetzt wurde, erreichte Toyota im März 2011 die Marke von drei Millionen weltweit verkauften Hybridfahrzeugen – der Konzern ist seiner Zeit voraus.

Wichtig auch: Schon der Prius, das erste Hybridmodell, ist insgesamt ein anspruchsvolles Auto. Und seine Technik wird mittlerweile längst auch bei der Luxusmarke Lexus eingesetzt. Toyota versucht hier das, was die deutschen Hersteller mit ihrer hervorragenden Marktposition längst hätten angehen sollen: Luxus so zu definieren, dass er nicht automatisch mit hohem Energieverbrauch daherkommt. Eigentlich hätten die Japaner dafür eine Bewertung von vier Sternen verdient – jedenfalls dann, wenn es sich dabei um einen »Best in Class«-Ansatz handeln würde, also einen Vergleich nur innerhalb einer Branche. Weil die Autobranche insgesamt aber ökologisch der größte Problemfall im Bereich der Konsumgüter sein dürfte, bleibt es bei drei Sternen, was aber mehr ist, als die anderen hier behandelten Autofirmen bekommen.

Toyota selbst legt einen Umweltbericht für die USA vor. Für Europa gibt es nur eine kurze, zusammenfassende Darstellung, die nicht sehr aussagekräftig ist – schwer nachzuvollziehen, weil das Unternehmen doch einiges vorzuweisen hat. Immerhin erfährt man, dass der Prius seit 2010 auch Plastik enthält, das auf pflanzlicher Basis hergestellt worden ist und somit CO_2-neutral sein soll. Im US-Bericht steht auch, dass Toyota zusammen mit der Universität Alabama einen Versuch gestartet hat, Bratenöl in Diesel zu verwandeln. Außerdem lässt das Unternehmen gebrauchte Batterien aus den Hybridfahrzeugen von Amerika nach Japan schaffen, um sie dort aufzubereiten.

In den letzten Jahren hatte der Konzern viel Pech. Im Jahr 2011 macht ihm das schwere Erdbeben zu schaffen, das zusammen mit dem folgenden Tsunami auch den schweren Unfall im Kernkraftwerk Fukushima verursacht hat. Rein geschäftlich hat er sich davon aber recht schnell wieder erholt. In den Jahren vorher hatten die Japaner vor allem in den USA Probleme. Dort warfen die Behörden ihnen vor, ihre Fahrzeuge seien nicht sicher, es war die Rede von klemmenden Gaspedalen und seltsamen Beschleunigungen, die zu Unfällen mit tödlichen Folgen geführt hätten; wer ein langes Gedächtnis hat, weiß, dass der VW-Konzern in den USA früher einmal ähnlichen Vorwürfen ausgesetzt war. Toyota zahlt 2010 32 Millionen Dollar, um sich aus der Schlinge zu ziehen, allerdings ohne die Schuld anzuerkennen. Später kommt eine amerikanische Studie zum Ergebnis, dass an den Vorwürfen so gut wie nichts dran ist, die Unfälle waren offenbar vor allem darauf zurückzuführen, dass die Fahrer Gas- und Bremspedal verwechselten. Der ganze »Skandal« ist ein Beispiel dafür, wie in einer bestimmten Konkurrenzsituation durch ein Zusammenspiel von Behörden, Politikern und Medien selbst ein Weltkonzern schwer unter Druck gebracht werden kann. Dabei sind die Verdienste von Toyota gerade in Amerika nicht zu leugnen: Die Japaner waren dort lange Zeit der wichtigste Anbieter für Autofahrer, die eben keine überdimensionierten Spritfresser kaufen wollten.

Ergänzend muss erwähnt werden, dass Toyota 2012 in der Türkei dem Vorwurf begegnet, zu wenig Rücksicht auf Muslime zu nehmen und zum Beispiel ihre Verpflichtung, zu bestimmten Zeiten zu beten, zu missachten. Türkische Medien behaupten sogar, es seien 140 Männer wegen ihres Glaubens entlassen worden, wie die »Deutsch-Türkischen Nachrichten« im Juni 2012 berichten.

TUI

Gefährliches Fernweh

Bewertung: **
Weitere Konzernmarken: Dr. Tigges, Hapag Lloyd, l'tur, Riu,
Robinson Club
Umsatz: 17,5 Milliarden Euro (21,4 Mrd. Franken)
Gewinn: 118,2 Millionen Euro (144,2 Mill. Franken)
Beschäftigte: 73 707
Sitz: Hannover
Rating: Oekom Research B- und Prime Status, SAM Sector Leader,
Wegreen-Ampel gelb

Im Dezember 2011 verleiht der Naturschutzbund Deutschland
den Kreuzfahrtschiffen von AIDA und TUI Cruises den »Dino-
saurier des Jahres«. Olaf Tschimpke, der Präsident der Organisation, sagt laut der »Welt«: »Aus Profitgier verweigern die deutschen Reeder bislang die Verwendung von Schiffsdiesel und den
Einbau von Abgastechnik wie etwa Rußpartikelfilter.« Nach
seinen Angaben stößt ein Ozeanriese daher auf einer Kreuzfahrt
so viele Schadstoffe aus wie fünf Millionen Pkws, die die gleiche
Strecke zurücklegen.

Der Naturschutzbund spricht damit ein Problem an, das in
den vergangenen Jahren erst nach und nach ins öffentliche Bewusstsein gekommen ist: Seeschiffe sind große Umweltsünder.
Denn sie verbrennen meist Schweröl, und das hinterlässt eine
Menge Schadstoffe in der Luft. Wer je zugeschaut hat, was für
eine schwarze Wolke aus dem Kamin kommt, wenn ein großes
Schiff seine Maschine einschaltet, kann sich davon sehr anschaulich ein Bild machen – anschließend rieseln regelrecht schwarze

Flocken herunter. Für die meisten anderen Zwecke ist das Schweröl daher aus Umweltgründen verboten. Das führt aber dazu, dass die Seeschiffe, bei denen es noch erlaubt ist, verstärkt darauf zugreifen. TUI selbst schreibt den Kreuzfahrtschiffen vor, in den »sensiblen« polaren Gewässern Diesel statt Schweröl zu verwenden. Für andere Routen wird nur »empfohlen«, Diesel zu nehmen, was wenig nützen dürfte. In allen europäischen Häfen darf aber nur Treibstoff mit niedrigem Schwefelgehalt verwendet werden. Außerdem werden die Routen so berechnet, dass die Schiffe recht langsam fahren können, das soll laut TUI gegenüber der Maximalgeschwindigkeit zu einer Einsparung von rund 30 Prozent des Kraftstoffs führen.

Tourismus ist aus ethischer Sicht ein ganz schwieriges Thema. Auf der einen Seite sind viele Länder darauf angewiesen, um überhaupt ihre Wirtschaft und damit auch die Staatsfinanzen in Ordnung zu halten. Denn Regionen, denen starke Exportunternehmen fehlen, haben kaum andere Möglichkeiten, ihre Importe zu finanzieren.

Auf der anderen Seite führt Tourismus häufig zur Verschandelung der Landschaft und zur Belastung der Umwelt, während bei der ortsansässigen Bevölkerung außer mäßig bezahlten Jobs nicht viel an wirtschaftlichem Nutzen hängen bleibt. In Gegenden, die völlig vom Tourismus geprägt sind, drohen sogar kulturelle Traditionen in die Brüche zu gehen. Und wenn es ganz schlimm kommt, gehen Tourismus und ausufernde Prostitution Hand in Hand. Ein Konzern wie TUI hat sich also sehr vielen Herausforderungen zu stellen.

Hinzu kommt: Manches, was in beruflichen oder industriellen Zusammenhängen als unvermeidlich gilt, ist beim Tourismus, der ja allein dem Vergnügen dient, nur schwer zu rechtfertigen. Ein Beispiel sind die bereits genannten Kreuzfahrten, die

Probleme verstärken, die es wegen der Frachtschiffe auf den Weltmeeren ohnehin schon gibt. Ein anderes Beispiel sind Flugreisen. Eine Fernreise pro Jahr kann nach Angaben des deutschen Umweltbundesamtes schon beinahe halb so viel CO_2-Ausstoß erzeugen, wie ein Bürger durchschnittlich ohnehin verursacht. Anders gesagt: Wer Fernreisen liebt, kann ansonsten als Vegetarier leben und mit dem Rad zur Arbeit fahren – sein ökologischer »Fußabdruck« ist trotzdem größer als der vom Nachbarn, der gerne Auto fährt und Steaks isst, dafür aber Urlaub auf dem Campingplatz macht. Gerade in diesem Punkt leben viele ökologisch bewusste Verbraucher praktisch mit einer Bewusstseinsspaltung. Denn häufig sind gerade diese Menschen auch sehr an fremden Ländern und Kulturen interessiert. Aber man kann sich trotzdem leichter ein modernes Leben ohne touristische Fernreisen vorstellen als eines ohne Geschäftsreisen.

TUI stellt sich den Herausforderungen durchaus. Wenn es bei der Bewertung trotzdem nur zu zwei Sternen reicht, dann vor allem, um die grundsätzliche Problematik des Tourismus deutlich zu machen.

Der Konzern stellt an sich den Anspruch, dass die eigenen Hotels und Resorts am jeweiligen Standort zu den führenden in Umweltfragen gehören sollen. Er hat daher als internes Gütesiegel die Bezeichnung »Eco-Resort« eingeführt. Wer damit für sich werben möchte, muss bestimmte Kernkriterien erfüllen und das von einem externen Prüfer bestätigen lassen, außerdem bekommen nur die 100 Besten unter den Bewerbern die Auszeichnung. Zu der Anforderung gehört, »bevorzugt« regionale Produkte zu verarbeiten, »idealerweise« aus ökologischer Landwirtschaft. Außerdem spielen Fragen der Entsorgung, des Wasserverbrauchs und der Einsatz von regenerativer Energie eine Rolle. Der Konzern versucht auch, den Informationsaustausch der Vertragshotels über diese Themen zu fördern und so zur Verbreitung von optimalen Lösungen beizutragen.

Daneben gibt es ein System, mit dem Fluggäste mit dem Ticket zugleich eine »Klima-Spende« bezahlen können. Diese Angebote laden freilich auch dazu ein, sich ein gutes Gewissen einzureden. Ein interessantes Pilotprojekt gibt es zusammen mit der britischen Travel Foundation: Dabei werden 26 Massai-Dörfer, die als Touristenattraktion gelten, direkt an den Einnahmen beteiligt. Es gibt noch weitere Projekte, bei denen die lokale Bevölkerung stärker an der Wertschöpfung des Tourismus beteiligt werden soll, etwa eine Chocolate Tour in die Dominikanische Republik. Dabei erhalten die Touristen Einblick in »faire« Kakaoproduktion. Und die Einnahmen werden zum Teil zur Armutsbekämpfung verwendet.

TUI stellt sich auch dem unangenehmen Thema Kinderprostitution. Seit 2009 sei es in das »interne Destinationsmonitoring integriert«, heißt es. In dem »Nachhaltigkeits-Anhang« zu Hotelverträgen wird festgeschrieben, dass die Hotels den Schutz von Kindern gewährleisten und bei Auffälligkeiten die lokalen Behörden informieren sollen. Aus dieser Darstellung wird allerdings nicht deutlich, inwieweit TUI selbst auch über diese Probleme Informationen sammelt und Konsequenzen daraus zieht – da muss der Konzern sich noch deutlicher engagieren.

UBS

Das Ende der Geheimnisse

Bewertung: *
Bilanzsumme: 1,4 Billionen Franken (1,2 Bill. Euro)
Gewinn: 4,4 Milliarden Franken (3,6 Mrd. Euro)
Beschäftigte: 64 820
Sitz: Zürich
Rating: Oekom Research C und Prime Status,
Wegreen-Ampel gelb

Lange Zeit gab es weltweit kaum eine Bank mit einem derart soliden Ruf wie die UBS. Sie stand für finanzielle Solidität, hatte eine scheinbar unangreifbare Bilanz, verkörperte geradezu alle Tugenden des Schweizer Bankensystems. Zu diesen »Tugenden« gehörte freilich traditionell auch die Verschwiegenheit. Kritiker, auch in der Schweiz selbst, haben diese immer auch als Einladung an Steuerflüchtlinge oder sogar Geldwäscher aus aller Welt angesehen. Auch Österreich und Luxemburg sind beliebte Ziele deutscher Bargeldbestände, ganz zu schweigen von Liechtenstein, und im internationalen Maßstab gibt es noch weitere Geld- und Steueroasen wie zum Beispiel die Kanalinseln, die zwar der englischen Krone, aber praktischerweise nicht der britischen Regierung und ihren Gesetzen unterstehen. Doch in Finanzkreisen war es nie ein Geheimnis: Die Schweiz war das Land, in dem die wirklich großen Summen ihr Zuhause fanden.

Inzwischen sind viele Geheimnisse gelüftet, und zwar in mehrfacher Hinsicht. Einmal mussten die Schweizer Banken, vor allem auf Druck amerikanischer Behörden, ihr Bankgeheimnis nach und nach lockern. Die Verfahren gegen die UBS spielten dabei eine entscheidende Rolle. Außerdem ist der Anschein der Solidität verflogen: In der Finanzkrise zeigte sich, dass die Kontrollmechanismen der Bank völlig ineffizient waren – mit dem Ergebnis, dass einzelne Händler gewaltige spekulative Positionen aufbauen und damit die gesamte Bank in Schieflage bringen konnten, sodass der Schweizer Staat einspringen musste, um sie zu retten.

Seit der Finanzkrise hat sich eine Menge verändert. Vor allem haben die Schweizer Behörden sehr gut reagiert. Weil die Schweiz ein kleines Land mit sehr großen Banken ist, war hier die Angst besonders groß, durch eine Finanzkrise in den Abgrund gerissen zu werden. Entsprechend strenge Auflagen haben die Behörden ihren Banken gemacht – ein Vorbild, dem andere Länder leider meist nicht gefolgt sind. Und die UBS hat mit bemerkenswerter Offenheit die Vorgänge veröffentlicht. Sie hat auch das führende Personal ausgetauscht.

Aber im Jahr 2011 fliegt doch wieder ein Skandal auf, bei dem ein einzelner Händler der Bank in London die Sicherungssysteme umgangen und die Bank durch Fehlspekulation um 2,3 Milliarden Dollar gebracht hat. Dieser Vorfall wirft große Zweifel auf, ob die Bank ihre Systeme wirklich verbessert hat. Man mag an dieser Stelle fragen, ob derartige Vorfälle eigentlich die Ethik der Bank betreffen: Schließlich ist die Bank das Opfer. Aber Ethik kann sich gerade im Geschäftsleben nicht in guten Absichten erschöpfen. Eine Bank muss das Geld ihrer Investoren sichern, und sie darf nicht zur Gefahr für ihr Heimatland oder gar das Weltfinanzsystem werden – dies durch entsprechende Kontrollsysteme sicherzustellen ist auch eine ethische Aufgabe.

Geht man über zum zweiten großen Problemfeld, der Steuerhinterziehung, so sieht es nicht besser aus. Während bei der

Stabilität des Finanzsystem wenigstens die Schweizer Behörden beherzt durchgegriffen haben, wirkt hier auch die Politik eher defensiv: Man bewegt sich nur, wenn es sein muss. Und für die Banken selbst gilt das noch mehr. Ein Beleg dafür ist, dass UBS-Konzernchef Sergio Ermotti im April 2012 den Steuerstreit mit den USA in der Schweizer »Sonntagszeitung« als »Wirtschaftskrieg« bezeichnet, bei dem es nur darum gehe, die Konkurrenz der Schweizer Banken auszuschalten. Wirkliche Einsicht in ethische Probleme hört sich anders an. Eine Entschuldigung dafür ist es auch nicht, dass in anderen Ländern Steuerhinterziehung dieser Art lange Zeit eher als Kavaliersdelikt angesehen wurde: Deutsche Banken, auch solche mit staatlichen Eigentümern, haben oft genug Kunden geraten, ihr Geld ins Ausland zu schaffen, zum Beispiel zu den eigenen Tochtergesellschaften in Luxemburg oder in der Schweiz. Aber das alles entschuldigt die Schweizer Banken nicht. Immerhin weisen sie deutsche Neukunden jetzt verstärkt darauf hin, dass deren Daten den Steuerbehörden gemeldet werden könnten.

Es ist beschämend genug für die Europäer, dass erst die Amerikaner – ähnlich übrigens wie mit ihrem rigorosen Durchgreifen gegen Korruption im Fall von Siemens – die Dinge in Bewegung gebracht haben. Die Auseinandersetzung erreicht 2011 den vorläufigen Höhepunkt, als die USA von zehn Banken – darunter nach Angaben der Schweizer »Sonntagszeitung« Credit Suisse, Julius Bär, Wegelin sowie die Zürcher und die Basler Kantonalbank – die Herausgabe sämtlicher Namen von Kunden mit mehr als 50 000 Dollar Anlage verlangen. Dabei beziehen sie sich ausdrücklich auf ein paralleles Verfahren im Jahr zuvor gegen die UBS, die 780 Millionen Dollar Strafe gezahlt und die Namen von 4500 mutmaßlichen Steuersündern herausgerückt hat.

Bei so viel Kritik mag man zwei Fragen stellen. Erstens: Wieso bekommt Siemens nach seinem Schmiergeldskandal Vorschusslorbeeren und damit vier Sterne und die UBS nur einen Stern? Es mag sein, dass sich die Bilanz in einigen Jahren angleicht. Aber zur Zeit der Abfassung dieses Buches wirkte die Art, wie Siemens seine Probleme, wenn auch unter Druck aus den USA, angeht, doch wesentlich konsequenter und beherzter als die Bemühungen der Schweizer Bank. Auf der anderen Seite mag man fragen: Warum bekommt die UBS dieselbe Bewertung wie die Deutsche Bank, die sich in der Finanzkrise doch besser geschlagen und mit dem Schutz von Steuerflüchtlingen, soweit bekannt, kein vergleichbares Rad gedreht hat? Hier ist zu beachten, dass eines bei der UBS positiv zu sehen ist: Sie hat sich strategisch zum weitgehenden Rückzug aus dem Investment Banking entschlossen, ganz anders als die Deutsche Bank. Und dieser Geschäftsbereich ist von seiner Anlage her, wie am Beispiel der Deutschen Bank erläutert, weitaus problematischer als das Geschäft mit reichen Privatkunden, der Kernbereich der UBS.

Zum Schluss sollte außerdem erwähnt werden, dass die UBS eine der ersten Banken war, die sich der ethischen Geldanlage gewidmet hat, ähnlich wie das kleine Schweizer Bankhaus Sarasin. UBS verstärkt diesen Bereich weiter, ebenso wie die Bemühungen, konzernweit nach einheitlichen Kriterien gegen Geldwäsche vorzugehen.

Unilever

Fett und Schönheit

Bewertung: ****
Bekannte Marken: Axe, Becel, Bertolli, Domestos, Dove, Fissan,
Flora, Knorr, Lätta, Lipton, Lux, Omo, Rama, Rexona, Signal,
Vaseline
Umsatz: 46,5 Milliarden Euro (56,6 Mrd. Franken)
Gewinn: 4,6 Milliarden Euro (5,6 Mrd. Franken)
Beschäftigte: mehr als 171 000
Sitz: Rotterdam/London
Rating: Oekom Research C+ und Prime Status, SAM Sector
Leader, Wegreen-Ampel grün

Zu viel Salz kann zu Bluthochdruck führen. Zu viel Zucker
kann dick machen und ist schlecht für die Zähne. Und zu viel
Fett – nun, macht fett, außerdem kann es, je nach Zusammensetzung, Herz- und Kreislaufkrankheiten auslösen. Eine besondere Problematik besteht in Schwellenländern, wo Unilever über
die Hälfte seines Umsatzes macht: Dort hat die Umstellung von
traditioneller Ernährung auf Industrielebensmittel weitverbrei-
tete Fettleibigkeit zur Folge.

Industriell erzeugte Lebensmittel stehen immer im Verdacht,
von allem zu viel zu enthalten. Das ist kein Zufall: Süß und sal-
zig sind intensive Geschmackserlebnisse. Wer hier eine höhere
Dosierung gewöhnt ist, empfindet weniger leicht als fade. Fade
Lebensmittel aber verkaufen sich schlecht. Und Fett gilt als Ge-
schmacksverstärker: Wenn es reichlich zugesetzt wird, entfaltet
manche Speise erst ihr volles Aroma. Lebensmittelhersteller stecken also stets in einem Dilemma. Das Essen muss schmecken,

aber man will auch mit »guten« Werten glänzen. Für Unilever ist das ein großes Thema. Der Konzern hat im Jahr 2003 begonnen, systematisch zu erfassen, wie viel Zucker, Salz, gesättigte Fettsäuren sowie sogenannte Transfettsäuren in seinen Nahrungsmitteln enthalten sind – betroffen sind 30 000 verschiedene Produkte. Transfettsäuren entstehen unter anderem, wenn gehärtete Pflanzenfette erhitzt werden, also zum Beispiel in Frittenbuden. Sie sind aber auch in zahlreichen fertigen Lebensmitteln enthalten. Auf der Website des »zentrum-der-gesundheit.de« ist nachzulesen, dass die Stadt New York und der Staat Dänemark schon vor Jahren diese Fette verboten beziehungsweise eingeschränkt haben. Unilever hat ab 2005 nach eigenen Angaben begonnen, die Konzentration dieser vier Stoffe abzusenken. Es gibt Vorgaben, welche Werte erreicht werden sollen. So hat der Konzern zum Beispiel für 2012 festgesetzt, dass gesättigte Fettsäuren nur noch ein Drittel aller Fette ausmachen dürfen. Der Salzgehalt wurde schon um ein Viertel gesenkt und soll 2015 ein Niveau erreichen, durch das für den Verbraucher eine Tagesration von fünf Gramm, die oft als Obergrenze empfohlen wird, realistisch ist. Bis 2020 soll zudem der Zuckergehalt in Fertigtee-Getränken, der bereits abgesenkt wurde, um ein weiteres Viertel abnehmen.

Aber geht es bei der Reduktion »schädlicher« Bestandteile der Nahrung immer mit rechten Dingen zu? Im November 2011 wird ein Streit zwischen Foodwatch und Unilever bekannt. Dabei geht es um die Margarine Becel. Dieses Produkt wird mit Sterinen angereichert. Diese Stoffe verdrängen nach Aussage des Bundesinstituts für Risikoforschung im Darm Cholesterine, wie der Sender N24 berichtet.

Da Cholesterine als belastend gelten, ist das offensichtlich ein Versuch, die Mischung fettähnlicher Substanzen zu verbessern. Wie das Bundesinstitut und Foodwatch betonen, sind aber auch Sterine möglicherweise gesundheitsschädlich, sie sollen zum Beispiel die Aufnahme bestimmter Vitamine hemmen und könnten zu ganz ähnlichen Ablagerungen in Blutgefäßen führen wie Cholesterine. Unilever weist die Vorwürfe umgehend zurück.

Die »Wirtschaftswoche« berichtet im Februar 2012 über einen anderen sehr simplen Trick verschiedener Konzerne: Nahrungsmittel mit Wasser und Luft zu verlängern. Unilever fällt dabei mit der Margarine »Lätta leicht & luftig« auf. Sie wird nach Angabe des Magazins mit Stickstoff, also dem Hauptbestandteil der Luft, »aufgeschlagen«. Im Endeffekt kosten dann 320 Gramm der luftig gestreckten Margarine so viel wie 500 Gramm der normalen Lätta.

Unilever zeigt sehr deutlich Verantwortung, kündigt genau, manchmal auch etwas großspurig, wichtige Ziele an; so sollen zum Beispiel, mit mehreren Zwischenstufen, bis 2020 alle Rohstoffe aus nachhaltigen Quellen bezogen werden. Auf der anderen Seite hagelt es immer wieder Vorwürfe. So gibt es im Dezember 2011 unter dem Schlagwort »Occupy Unilever« eine Demonstration vor der Deutschland-Zentrale des Konzerns in Hamburg, zu der auch Aktivisten aus Indonesien angereist sind. Der Grund ist der hohe Verbrauch des Konzerns an Palmöl für seine Lebensmittel. Zwar verspricht Unilever, bis 2015 komplett auf als nachhaltig zertifizierte Quellen umgestiegen zu sein. Kritiker halten aber dagegen, dass die Bezugsquellen undurchsichtig seien und zum Teil auch Öl, das auf abgeholzten Flächen gewonnen wurde, durch den Einkauf von Zertifikaten künstlich »nachbegrünt« werde. Diese Abholzungen verengen nicht nur den Lebensraum seltener Tiere, sondern sind häufig auch mit der Vertreibung von Menschen verbunden.

Manche Vorwürfe grenzen freilich ans Absurde. So gibt es im Jahr 2009 eine Kampagne gegen eine Werbung für Zahnpasta in der Türkei. Das Schlagwort »White Power«, so hieß es, könne auch als Ausdruck von Rassismus verstanden werden. Unilever hält dagegen: Die Zähne seien bei Menschen aller Hautfarbe weiß, daher könne es kein Missverständnis geben.

Das Bild ist also gemischt. Warum also die relativ gute Bewertung mit vier Sternen? Hierfür gibt neben den relativ guten Öko-Ratings die Kampagne der Marke Dove, »Wahre Schönheit«, den Ausschlag, die 2005 eingeführt und später durch »pro age« fortgeführt wurde. Der Konzern hat in diesem Zusammenhang auch – sagen wir es kurz und klar – dicke und alte Frauen als Models gebracht, die älteste war schon 96 und über und über mit Falten bedeckt. Dahinter steckten zwei Ideen: einmal vor allem junge Mädchen vom gefährlichen Schlankheitswahn abzubringen und zum anderen den Kundinnen näherzukommen, die ja auch nicht alle jung und schön sind. Ästhetische Ideale, die in Zwang ausarten können, zu hinterfragen, hat auch eine ethische Qualität. Die Kampagne hat ebenfalls Streit ausgelöst. In den USA gab es Probleme, weil zu viel Haut gezeigt wurde, außerdem waren manche Models nicht »echt« genug, also immer noch zu schön. Trotzdem ist die Idee gut genug, um ein Extra-Sternchen zu rechtfertigen.

Vodafone

Hoffnung für Schwellenländer

Bewertung: ****
Umsatz: 46,4 Milliarden Pfund (55,6 Mrd. Euro, 67,0 Mrd. Franken)
Gewinn: 7,0 Milliarden Pfund (8,4 Mrd. Euro, 10,1 Mrd. Franken)
Beschäftigte: ca. 86 400
Sitz: London
Rating: Oekom Research B und Prime Status,
Wegreen-Ampel gelb

Jeder kennt den Spruch »Zeit ist Geld«. Genauso wichtig ist allerdings: »Information ist Geld.« Und das gilt keineswegs nur für Industrieländer. Mindestens ebenso wichtig sind Informationen in Schwellenländern, und dort auch für die Landbevölkerung. Wer Agrarprodukte verkaufen will, muss wissen, zu welchem Preis das möglich ist und wo es gerade Nachfrage gibt. Je transparenter Märkte bis in die letzten Winkel eines Landes werden, desto besser sind die Chancen der Bewohner dort, Zwischenhandel zu umgehen, der fette Margen herauszieht, oder zumindest eine faire Verhandlungsposition gegenüber diesen Händlern zu bekommen.

Die starke Entwicklung der Mobilfunknetze gehört daher zu den Hoffnungswerten in armen Ländern, vor allem in Afrika. Es gibt kaum einen internationalen Konzern, der weltweit so stark am Aufbau von Mobilfunknetzen beteiligt ist wie Vodafone. Und allein dafür bekommt er vier Sterne als Bewertung. Hier ergibt sich ein Fall, in dem ganz klar die geschäftliche Strategie und eine positive ethische Wirkung harmonieren. Vodafones wichtigste Konkurrenten in den Schwellenländern sind Konzerne, die dort selbst zu Hause sind – sie sind natürlich für die Entwicklung noch wichtiger.

Vodafone selbst will auf zwei Arten einen positiven Beitrag leisten: die wirtschaftliche Entwicklung in Schwellenländern fördern und in den Industriestaaten den Übergang zu einer Wirtschaft ermöglichen, die weniger von Energieerzeugung und dem Ausstoß von CO_2 abhängig ist. Mit dem zweiten Punkt sind vor allem Angebote wie Videokonferenzen gemeint, mit denen sich Reisen vermeiden lassen. Beim ersten Punkt dürfte Vodafone aber das größere Gewicht haben.

Vodafone versucht, den Mobilfunk mit zusätzlichen Serviceleistungen auszubauen. So betreibt der Konzern in Kenia ein System, das den mobilen Zugang zu Bankkonten erlaubt. Die Bedeutung dieser Funktion darf man auf keinen Fall unterschätzen. Banken haben sich vor allem in den westlichen Industriestaaten in den letzten Jahren zwar alles andere als beliebt gemacht. Aber der Zugang zu Bankdienstleistungen ist in Schwellenländern einer der wichtigsten Punkte, um eine wirtschaftliche Entwicklung zu ermöglichen. Und überall da, wo die Verkehrswege schlecht und Banken daher direkt schwer erreichbar sind, bieten mobile Dienste eine gute Alternative. Vodafone betreibt daher zusammen mit zwei indischen Banken ebenfalls ein Projekt, das Zahlungsverkehr auch für »unbanked people« ermöglichen soll, also für Leute ohne direkten Zugang zu einer Filiale. Weitere Angebote zum Geldtransfer gibt es in Afghanistan, auf den Fidschi-Inseln, in Südafrika und in Tansania. Vodafone selbst behauptet mit Verweis auf eigene Studien, dass in Afrika zehn Prozent mehr an Versorgung mit Mobilfunkleistungen mehr als ein Prozent wirtschaftliches Wachstum bedeuten. Ein weiteres Angebot ist eine Webbox zum Preis von rund 80 Dollar, die es ermöglicht, ohne Computer über den Fernseher ins Internet zu gehen.

Der Konzern setzt beim Ausbau seiner Netze in Schwellenländern auch auf kleine Solar- und Windanlagen zur Stromversorgung. Auch hier passen geschäftliche und ethische Strategie zusammen: Die Versorgung über die großen Netze ist in diesen Ländern oft unzuverlässig, eine dezentrale, unabhängige Stromerzeugung daher in jedem Fall sinnvoll.

Der Nachhaltigkeitsbericht von Vodafone ist informativ. Das Unternehmen berichtet genau darüber, wie es mit Zulieferern umgeht. Es ist auch Mitglied in mehreren Brancheninitiativen, die versuchen, die gesamte Kette der Zulieferer besser zu kontrollieren und den Bezug von Rohstoffen aus Konfliktgebieten zu vermeiden.

In Deutschland ist Vodafone im Jahr 2000 bekannt geworden. In einer beispiellosen Übernahmeschlacht schafften es die Briten gegen anfänglichen erbitterten Widerstand des Managements, Mannesmann zu übernehmen. Der alte Industriekonzern hatte zu dem Zeitpunkt ein großes Mobilfunknetz in Deutschland aufgebaut. Das Management gab schließlich nach, wobei der damalige Mannesmann-Chef allein rund 30 Millionen Euro an Prämien und Abfindungen erhalten hat. Im Nachgang zu der Übernahme gab es einen der größten Wirtschaftsprozesse Deutschlands, der aber später gegen Geldbußen eingestellt wurde. Der Verdacht war, dass Vodafone das alte Management mit den hohen Prämien zum Nachgeben bewegen wollte, obwohl diese Leute ja verpflichtet waren, allein im Interesse der Aktionäre und nicht in ihrem eigenen zu handeln. Die Ironie der Geschichte ist freilich: Letztlich machten die Mannesmann-Aktionäre ebenfalls ein sehr gutes Geschäft, wenn sie damals ihre Aktien verkauft haben, denn die Kurse wurden durch den Übernahmekampf hochgetrieben.

Von dieser Geschichte abgesehen, halten sich öffentliche Vorwürfe gegen Vodafone in Grenzen. Im Jahr 2004 hält die EU die Gebühren für grenzüberschreitende Telefonate von Großbritannien aus für überhöht. Ähnliche Ermittlungen folgen in Deutschland und Frankreich – das Thema Roaming (so heißt der grenzüberschreitende Mobilfunkverkehr) bewegt die gesamte Branche. Im Jahr 2008 wird Vodafone ebenso wie andere Anbieter in Italien zu einem Bußgeld wegen irreführender Werbung für SMS-Dienste verdonnert.

Schwere Vorwürfe erheben die ägyptischen Freiheitskämpfer nach der Revolution im Jahr 2011: Das Unternehmen habe sich vom alten Regime einspannen lassen, indem es Kurznachrichten mit Propaganda an seine Kunden verschickte und zeitweise auch das Netz ausschaltete. Vodafone beruft sich darauf, es sei von der Regierung gezwungen worden und habe auch dagegen protestiert. Das sieht nicht gerade nach mutigen Entscheidungen aus, aber wer kann einem Konzern verdenken, dass er seine eigenen Mitarbeiter nicht in Gefahr bringen will?

Insgesamt, vor allem mit Blick auf das Geschäftsmodell und die Aktivitäten in Schwellenländern, überwiegt der positive Eindruck. Dazu tragen auch die klaren Berichte und offenen Stellungnahmen des Konzerns bei. Zu der viel diskutierten Frage, ob die Strahlung der Mobilfunkmasten Gesundheitsschäden hervorruft, schreibt er, dies sei nicht ganz geklärt, aber unwahrscheinlich. Das ist jedenfalls besser, als das Problem einfach abzustreiten.

Volkswagen

Das Wunder von Wolfsburg

Bewertung: **

Weitere Konzernmarken: Audi, Bentley, Bugatti, Ducati, Lamborghini, Porsche, Seat, Skoda

Umsatz: 159,4 Milliarden Euro (194,0 Mrd. Franken)

Gewinn: 15,8 Milliarden Euro (19,2 Mrd. Franken)

Beschäftigte: 501 956

Sitz: Wolfsburg

Rating: Oekom Research B- und Prime Status, SAM Gold, Sustainalytics Dax-Ranking Platz 3, Wegreen-Ampel gelb

Volkswagen ist ein Imperium ganz eigener Art: an der Börse notiert, aber immer noch unter dem Einfluss der Gründerfamilien Porsche und vor allem Piëch. Auch die Betriebsräte haben traditionell einen starken Einfluss – vor Jahren gab es sogar einen Skandal, weil das Management sie mit Luxusreisen, Bordellbesuchen und Sonderzahlungen verwöhnte, um sie auf die eigenen Ziele einzustimmen. Die Sache dauerte rund zehn Jahre und gipfelte im Jahr 2008 in einem spektakulären Prozess. Auf der anderen Seite machte der Konzern aber auch immer wieder mit arbeitnehmerfreundlichen Regelungen Schlagzeilen – etwa, als er in den 90er-Jahren vorübergehend die Viertagewoche einführte, um den Abbau von Arbeitsplätzen abzufedern.

Dass in Wolfsburg eine der größten Fabriken der Welt steht, liegt auch am Ursprung des Konzerns unter der Naziwirtschaft, die halb und halb eine Planwirtschaft war und am liebsten ganz groß plante. Die Stadt Wolfsburg, wo man bis heute »das Werk« sagt, wenn man Volkswagen meint, ist um das Unternehmen herumgewachsen und lebt bis in den Kulturbetrieb hinein davon. Und das Land Niedersachsen hat auch eine Menge Einfluss. Bei den komplizierten Machtstrukturen im und um den Konzern herum ist es ein Wunder, dass er so erfolgreich ist.

Die einzigartige Position des Konzerns bedingt aber auch, dass er unter besonderer Beobachtung steht, auch seitens der Umweltschützer. Die Logik dahinter ist klar: Wenn ein Konzern den Schwenk zu einer sparsameren und insgesamt umweltfreundlicheren Autowelt hinbekommen könnte, dann VW mit seiner Marktmacht und seinem ungeheuren technologischen Potenzial. Um so beißender wird daher jede Schwäche in diesem Bereich kritisiert. Der Konzern hat sich selbst das Ziel gesetzt, im Jahr 2018 ökologisch und ökonomisch weltweit die Nummer eins zu sein. Im Jahr 2011 hat er nach eigenen Angaben europaweit 764 137 »Effizienz-Modelle« verkauft, so heißen auf Sparsamkeit getrimmte Modellvarianten, die auch unter Bezeichnungen wie »Blue Motion« oder »Green Line« verkauft werden.

Sustainalytics lobt in einem Bericht von Anfang 2012, VW habe sich im Dax-Ranking von einem mittleren Platz weit nach vorne gearbeitet. Ausschlaggebend dafür ist vor allem der soziale Bereich. Aber auch für den Umweltbereich stellen die Analysten den Wolfsburgern ein gutes Zeugnis aus. Sie erwähnen dabei »starke Programme zur nachhaltigen Beschaffung, ein nach ISO 14001 zertifiziertes Umweltmanagement-System und die vergleichsweise niedrige CO_2-Emission der Flotte«. Damit setzen sich die Analysten ausdrücklich von der Kritik ab, die Greenpeace kurz zuvor wieder erneuert hat. Das »Handelsblatt« schreibt dazu im September 2011: »Ausgerechnet den neuen Kleinwagen Up, auf den der Autobauer besonders stolz ist, brandmarkt Greenpeace als ›up!solut nicht innovativ‹: Statt drei Liter zu verbrauchen wie der Spar-Lupo vor 13 Jahren, schlucke das Basismodell mindestens 4,7 Liter, so der Vorwurf.« VW hält dagegen und verweist auf gute Werte beim CO_2-Ausstoß des Up. Außerdem verspricht der Konzern, in der gesamten Produktion und auch bei den Händlern Energie zu sparen und den Ausstoß von CO_2 bis 2020 um 40 Prozent abzusenken.

Der alte Spar-Lupo war der Prototyp eines Autos, das zwar spart, aber kaum Käufer findet. Mit ausgesprochenen Energiesparmodellen hatte der Konzern bisher nicht allzu viel Erfolg. Er setzt in der breiten Palette seiner Modelle seit Jahren jedoch einige sehr sparsame Motoren ein. Dabei handelt es sich aber in der Regel um hochgezüchtete Dieselaggregate, bei denen die Schattenseite ein vergleichsweise hoher Schadstoffausstoß ist. VW bewegt sich damit auf der Linie der gesamten deutschen und europäischen Autoindustrie, die den Diesel fälschlich als eine Art Ökotechnik anpreist. Aber der Wolfsburger Konzern bestimmt wegen seiner herausragenden Bedeutung diese Linie eben auch maßgeblich mit und trägt eine entsprechende Verantwortung.

Immerhin ist bei den neuen »Blue-TDI«-Modellen der Ausstoß an Stickoxiden durch Zusatztechniken um rund 90 Prozent reduziert, wodurch diese Dieselmotoren beim Schadstoffausstoß wenigstens in die Nähe von Benzinern kommen.

Schaut man in die Umweltliste 2011/12 des VCD, so findet sich dort im Spitzenbereich ein einziges Modell von VW, der kleine Polo 1.2 TDI BlueMotion, und zwar auf Platz sieben. Ansonsten kommen die Top Ten alle aus Fernost. Kein Ruhmesblatt für VW. Nur bei den Siebensitzern liegt der Konzern auf dem ersten Platz einer Untergruppe, bei den Familienautos und den »Klimabesten« immerhin auf Platz zwei. Anders als BMW und Daimler ist der Konzern mit seinen verschiedenen Marken in den Untergruppen der Liste wenigstens auf den hinteren Plätzen sehr gut vertreten – doch die Spitze gehört meist anderen Anbietern.

Im Sommer 2011 machte die Deutsche Umwelthilfe auf ein Problem aufmerksam: Benzinmotoren mit Direkteinspritzung, die besonders sparsam sind, stoßen besonders viele Feinpartikel aus, die gesundheitsschädlich sein können. Bei Dieselmotoren ist dieses Problem bekannt und wird mit Partikelfiltern bekämpft, bei Benzinern bisher nicht. Laut Umwelthilfe sind besonders der VW-Konzern, BMW und Mercedes betroffen.

Vorwürfe hagelte es auch nach der fehlgeschlagenen Übernahme von VW durch Porsche im Jahr 2008, die letztlich umgekehrt dazu führte, dass Porsche eine der Konzernmarken von VW wurde. Zahlreiche Investoren verspekulierten sich bei der Angelegenheit und versuchten anschließend, per Gericht ihre Milliarden wiederzubekommen. Letztlich ist der Vorgang Vergangenheit und taugt nicht dazu, das ethische Profil des Konzerns zu beurteilen.

Zusammenfassend lässt sich festhalten: Volkswagen hat ein ausgeglicheneres Profil als Mercedes und BMW, die einseitig auf PS-starken Luxus setzen. Vor allem im Vergleich zu Toyota fällt aber auf, dass der Konzern seiner überragenden Verantwortung dafür, einen ökologisch besseren Stil des Autofahrens durchzusetzen, zu wenig gerecht geworden ist. Deswegen reicht es vorerst nur für zwei Sterne.

Index

8 x 4 82

Actimel 102
Activia 102
Adidas 58
After Eight 182
Aldi 62
Alete 182
Alfred Dunhill 214
Alka-Seltzer 78
Allianz 66
Alverde 114
Always 210
Amazon 70
Angelo Litrico 90
Apollinaris 94
Apple 74
Ariel 210
Aspirin 78
Audi 254
Austrian Airlines 162
Axe 246
Azzedine Alaia 214

Baby Club 90
Balea 114
Balmain 230
Baumer & Mercier 214
Bayer 78
Beba 182
Becel 246
Beiersdorf 82
Benson & Hedges 206
Bentley 254
Bepanthen 78

Bertolli 246
Bing 174
Blancpain 230
Blend-a-med 210
BMW 86
Bonaqa 94
Braun 210
Breguet 230
Bugatti 254
Buitoni 182
Bulgari 166

C&A 90
Canda 90
Canesten 78
Caro 182
Cartier 214
Certina 230
Chesterfield 206
Chloé 214
Choco Crossies 182
Christian Dior 166
CK Watch & Jewelry 230
Clockhouse 90
Coca-Cola 94
Contrex 182

Daihatsu 234
Daimler 98
Danone 102
Dash 210
De Beers 166
Denizen 150
Deutsche Bank 106
Deutsche Postbank 106

Deutsche Telekom 110
Diesel 158
Dixan 126
dm 114
Dockers 150
Dom Pérignon 166
Domestos 246
Dove 246
Dr. Tigges 238
Ducati 254
Duplo 146
Duracell 210
DWS 106

Eucerin 82
Evian 102
Excel 174

Fa 126
Facebook 118
Fanta 94
Felix 182
Fissan 246
Flik Flak 230
Flora 246
Florena 82
Frankonia 202

Garnier 158
German Wings 162
Gillette 210
Giorgio Armani 158
Givenchy 166
Glashütte Original 230
Google 122
Guerlain 166

Hamilton 230
Hansaplast 82
Hapag Lloyd 238
Head & Shoulders 210
Heine 202
Helena Rubinstein 158
Henkel 126
Hennes & Mauritz 130
Hennessy 166
here+there 90
Hermes 202
Herta 182
Hipp 134
Hublot 166

Ikea 138
Inditex 142
Instagram 118
IWC 214

Jaeger-LeCoultre 214
Jaquet Droz 230

Kaufland 154
Kenzo 166
Kindle 70
KitKat 182
Knorr 246

L'Oréal 158
l'tur 238
L&M 206
La Prairie 82
Labello 82
Lamborghini 254
Lancel 214
Lancôme 158
Lange & Söhne 214

Lätta 246
Lego 146
Lenor 210
Léon Hatot 230
Levi Strauss 150
Lexus 234
Lidl 154
Lift 94
Lion 182
Lipton 246
Longines 230
Louis Vuitton 166
Lufthansa 162
Lux 246
LVMH 166

Maggi 182
Manufactum 202
Marlboro 206
Max Factor 210
Maybelline 168
McDonald's 170
Meister Proper 210
Mercedes 98
Microsoft 174
Mido 230
Miele 178
Milupa 102
Mini 86
Moët & Chandon 166
Montblanc 214
Mövenpick 182

Nescafé 182
Nespresso 182
Nesquick 182
Nestlé 182
Net-a-porter.com 214

Nike 186
Nintendo 190
Nivea 82
Nokia 194
Norisbank 106
Novartis 198
Nutricia 102
Nuts 182

Officine Panerai 214
Olaz 210
Old Spice 210
Omega 230
Omo 246
Oral B 210
Otto 202

Palomino 90
Pampers 210
Pantene 210
Pattex 126
Persil 126
Perwoll 126
Philip Morris International 206
Piaget 214
Pimco 66
Ponal 126
Porsche 254
Power Point 174
Pril 126
Pritt 126
Procter & Gamble 210
Pure Life 182

Rado 230
Ralph Lauren 158
Rama 246
Reebok 58

Rexona 246
Richemont 214
Riu 238
Robinson Club 238
Roger Dubuis 214
Rolls-Royce 86

S. Pellegrino 182
Samsung Electronics 218
Schwarzkopf 126
Seat 254
Shanghai Tang 214
Siemens 222
Signal 246
Skoda 254
Skype 174
Smart 98
Smarties 182
Somat 126
SportScheck 202
Sprite 94
Starbucks 226
Swatch 230
Swiss 162

T-Mobile 110
T-Online 110
TAG Heuer 166
Taylor-Made 58
Tesa 82
The Body Shop 158
Thomy 182
Tissot 230

Tourbillon 230
Toyota 234
TUI 238

UBS 242
Unilever 246
Union Glashütte 230

Vacheron Constantin 214
Van Cleef & Arpels 214
Vaseline 246
Veuve Clicqot 166
Vichy 158
Vittel 182
Vodafone 250
Volkswagen 254
Volvic 102

Weißer Riese 126
Wella 210
Westbury 90
Windows 174
Word 174

XBox 174

Yasmin 78
Yessica 90
Your Sixth Sense 90
YouTube 122

Zara 142